Wilhelm His

Untersuchungen über das Ei und die Eientwicklung bei

Knochenfischen

Wilhelm His

Untersuchungen über das Ei und die Eientwicklung bei Knochenfischen

ISBN/EAN: 9783743426009

Hergestellt in Europa, USA, Kanada, Australien, Japan

Cover: Foto ©berggeist007 / pixelio.de

Manufactured and distributed by brebook publishing software
(www.brebook.com)

Wilhelm His

Untersuchungen über das Ei und die Eientwicklung bei Knochenfischen

UNTERSUCHUNGEN

ÜBER DIE

ERSTE ANLAGE DES WIRBELTHIERLEIBES

VON

WILHELM HIS.

ÜBER DAS EI UND DIE EIENTWICKELUNG BEI KNOCHENFISCHEN.

MIT 1 TAFELN

LEIPZIG
VERLAG VON F. C. W. VOGEL
1873.

UNTERSUCHUNGEN

ÜBER

DAS EI UND DIE EIENTWICKELUNG

BEI KNOCHENFISCHEN

VON

WILHELM HIS.

I. ÜBER DAS REIFE EI VON KNOCHENFISCHEN, BESONDERS ÜBER DASJENIGE EINIGER SALMONIDEN.

II. BEOBACHTUNGEN AN DEN EIERSTÖCKEN EINIGER KNOCHENFISCHE.

MIT 4 TAFELN.

LEIPZIG.
VERLAG VON F. C. W. VOGEL.
1873.

Vorwort.

Die in den nachfolgenden Blättern enthaltenen Untersuchungen sind Bestandtheile einer Beobachtungsreihe über Fischentwickelung, welche ich im Jahre 1866 begonnen, und mit zahlreichen Unterbrechungen in den folgenden Jahren weitergeführt habe. Das Manuscript des ersten Aufsatzes, über das reife Lachs- und Forellen-Ei, habe ich (mit Ausnahme des Zusatzes über das Barsch-Ei) im Winter 1870 abgeschlossen, und damals im Auszug in den Verhandlungen der Basler naturforschenden Gesellschaft veröffentlicht. [*] Etwas neuern Datums, obwohl auch noch in Basel abgeschlossen, ist der zweite Aufsatz über Fischovarien und Eientwickelung. Beide Aufsätze, und zwar besonders der letztere, haben einen wesentlich fragmentarischen Charakter; auch würde ich sie, behufs weiterer Durcharbeitung, noch auf längere Zeit zurückbehalten haben, wäre ich nicht durch meine Umsiedelung nach Leipzig von meiner Materialquelle getrennt, und zugleich für die nächsten Jahre der Aussicht beraubt worden, ergiebiger in der Sache arbeiten zu können. Vielleicht wirken sie auch in ihrer unvollkommenen Form anregend auf andere Untersucher, jedenfalls mögen sie die Ueberzeugung verbreiten, dass in Sachen der Eibildung nur systematisch durchgeführte Untersuchungen von Werth sind.

Meine Beobachtungen über die Entwickelung des Fischembryo werde ich, wenn mir es die Zeit gestattet, später zusammenstellen und der gegenwärtigen Schrift folgen

[*] Bd. V. p. 457 u. f.

lassen. — Die kürzlich publicirte Arbeit Oellacher's, soweit sie meine eigenen Erfahrungen berührt, habe ich in beigefügten Noten berücksichtigt. — An dieser Stelle danke ich auch Herrn Fr. Glaser Sohn in Basel für die gefällige Ueberlassung von Fischovarien sowohl als von Eiern, wodurch allein mir die Aufspeicherung einer gewissen Erfahrungssumme möglich geworden ist.

Leipzig, den 15. Juni 1873.

W. His.

I.

Ueber das reife Ei von Knochenfischen,

besonders über dasjenige einiger Salmoniden.

Das unbefruchtete reife Lachs-Ei.

Die aus der Bauchhöhle des Lachs entleerten reifen Eier sind stark durchscheinende Körper von annähernd kugeliger Gestalt, und von gelbröthlicher, an Bernstein erinnernder Färbung. Ihre Grösse variirt nur innerhalb enger Gränzen, ihr Durchmesser beträgt gegen 6 mm. Sie sind in einer alkalisch reagirenden, etwas schleimigen Flüssigkeit suspendirt. Frisch erscheinen die Eier weich und ihre Kapsel schlaff. Gelangen sie in's Wasser, so quellen sie etwas auf, ihre Durchsichtigkeit nimmt ab, die Spannung ihrer Kapsel bedeutend zu. Die Zunahme des Durchmessers beträgt nach genauen Messungen im Mittel ½ mm.[1]) An den aufgequollenen Eiern bemerkt man verschiedene Abweichungen von der Kugelgestalt, meist sind sie nach einer Richtung verlängert, oder auch mit Andeutung einer Facettirung versehen, so dass sie von oben gesehen 3 oder 4seitig abgeplattet sich darstellen. Strenge Regelmässigkeit ist in diesen Formverhältnissen nicht zu erkennen.

An jedem Ei sind zu unterscheiden:

die Eikapsel,
der Keim (Keimscheibe) oder Hauptdotter und
die Rindenschicht } zusammen den Nebendotter bildend.
nebst Dotterflüssigkeit }

Hierzu kommt nach dem Aufenthalt im Wasser die, zwischen Kapsel und Rinde sich ansammelnde intracapsuläre Flüssigkeit.

Die Eikapsel oder äussere Eihaut (das Chorion der älteren Autoren)[2]) ist im Allgemeinen

---

[1]) Aus den übereinstimmenden, durch Prof. Fr. Miescher j. ausgeführten Wägungen zweier Portionen von je 50 sorgfältig mit Seidenpapier abgetrockneten Eiern beträgt das Gewicht eines reifen, direct aus der Bauchhöhle

stammenden Lachs-Eies	0.120 Grammes,
nach halbtägigem Aufenthalt in fliessendem Wasser	0.133 „
die Gewichtszunahme eines Eies beträgt somit . . .	0.013 „
oder	10.83 %.

[2]) Die das Ei umgebende Membran hat verschiedene Namen erhalten, entsprechend den wechselnden Deutungen, die man ihr gab. Der Name Chorion, obwohl von den Autoren vielfach gebraucht, wird wohl besser vermieden, da er seine Annahme einer als unhaltbar erwiesenen Auffassung der Bildungsgeschichte verdankt. Rathke (Meckel's Archiv 1832. p. 332 Ueber die Eier einiger Lachsarten) braucht nämlich die Bezeichnung Chorion synonym mit dem Ausdruck Schalenhaut. „Zur Zusammensetzung des reifen Eies der Vögel und Amphibien, sagt er, gehören wie bekannt der Dotter, das Eiweiss, die Dotterhaut und die Schalenhaut (das Chorion).“ Speciell für das Forellen-Ei discutirt Rathke in dem ge-

glatt und glänzend, bei genauerer Betrachtung zeigt sie sich an ihrer Oberfläche von kleinen Striemen durchfurcht oder mit flachen Erosionen versehen, wie wenn eine weiche Schicht theilweise abgestreift wäre.

Die Dicke der Eikapsel beträgt, laut Messungen an Durchschnitten erhärteter Eier, 33—35 μ. Für den Umschlagsrand gesprengter Eier erhält man nicht unerheblich grössere Werthe, 46—57 μ. Die Porenkanäle verlaufen gestreckt, und stehen in nur geringen Abständen von 1,5 bis 2 μ von einander entfernt. Von trichterförmigen Erweiterungen ist weder an der innern, noch an der äussern Mündung etwas

nannten Ansatz die Bedeutung der äussern Membran, und spricht die Möglichkeit aus, dass das Chorion, das Eiweiss und die Dotterhaut durch eine nachträgliche Scheidung aus ihr hervorgehen konnten. Aeussere Eihaut, Schalenhaut oder Chorion nennt Rathke die Membran auch beim Blennius, bei welchem, seinen Angaben zu Folge, nach innen davon Eiweiss und eine Dotterhaut vorhanden sind. — Der Geschichte des Chorion wird von Rathke in der, 1861, posthum erschienenen Entwicklungsgeschichte gedacht. „Während bei den Fischen mit Ausnahme der Plagiostomen das Ei nach seiner Losung noch einige Zeit, entweder in der Höhle des Eierstockes, oder in der Bauchhöhle verweilt, erhält es einen Ueberzug von einer klaren klebrigen Flüssigkeit. Von dieser aber gerinnt darauf die oberflächliche Parthie, in der Regel erst dann, wenn das Ei ins Wasser gelangt ist, seltener (Blennius viviparus) schon im Eierstocke, und bildet mehr oder weniger deutlich eine häutige structurlose Hülle, das Chorion."

Es ist die obige Darstellung, wonach das Chorion ein nachträgliches Gerinnungsprodukt ist, etwas auffallend, da man nicht versteht, wie ein so vortrefflicher Beobachter das Vorhandensein der Kapsel reifender Eier innerhalb der Eierstocksfollikel übersehen konnte. Indess findet sich auch bei v. Baer eine ganz ähnliche Darstellung d. inners. aber Entwicklungsgeschichte der Fische p. 4, 6 und 1. und im grossen Werke über Entwickelungsgeschichte II. p. 293. Nach v. Baer ist im Eierstocke das Ei von einer gefässhaltigen Kapsel umgeben, beim Austritt aus derselben umhüllt es sich innerhalb der Eierstockshöhle mit Eiweiss. Die bei vielen Fischen, z. B. bei den Karpfen, sehr dünne Schicht quillt in Wasser rasch auf und bekommt eine Oberhaut. Diese Hautbildung soll auf einer Wasserentziehung beruhen, und nicht zustreten. Wenn nun die Eier in Eiweissklumpen fallen laut. In der also entstehenden Eihaut beschreibt von Baer die Mikropyle und bildet sie als einen vertieften, bis auf den Dotter reichenden Trichter ab (Entw. d. Fische, p. 9 u. fig. 1 u. 2 Z.). Die physiologische Deutung derselben ist allerdings von der heutigen sehr unterschieden. Den Ausdruck „Chorion" vermeidet v. Baer offenbar mit Absicht.

Auch C. Vogt (Embryologie des Salmones p. 8) parallelisirt die äussere Eihaut des Knochenfisch-Eies mit der Schalenhaut des Vogel-Eies: „la membrane extérieure de l'oeuf, qui correspond évidemment à la membrane coquillière de l'oeuf des oiseaux." Er lässt sie indess ausdrücklich im Eierstock entstehen und zwar bildet sie sich seiner Vermuthung zu Folge durch eine Verschmelzung einer Lage abgeplatteter Zellen. Auf Vogt's Angabe beruft sich auch Leuckart (Zeugung im Hdwb. IV. 798.) Der Name Dotterhaut, welchen die früheren Schriftsteller für eine besondere den Dotter unmittelbar umhüllende structurlose Membran gebraucht haben, wird von H. Aubert (Beiträge zur Entw. der Fische Zeitschr. f. wissensch. Zool. V. 94) auf die Eikapsel angewendet. Er spricht nämlich beim Hecht-Ei von einer Trennung der Dotterhaut in zwei Schichten, eine äussere dünne, fein granulirte und eine innere, dicke, mit radiären Streifen. Eine Begründung seiner abweichenden Bezeichnungsweise giebt er nicht.

In scharfer Weise betont zuerst Joh. Müller (Arch. f. An. u. Phys. 1854 p. 189 u. Sitzungsber. der Berl. Akad. März) den Gegensatz zwischen der im Follikel gebildeten Eihülle des Knochenfisch-Eies und der im Eileiter gebildeten Schalenhaut des Vogel-Eies. Zum Unterschied von letzterer nennt er jene Eikapsel oder capsulare Eihülle. Ausser auf die verschiedene Bildungsstätte legt Joh. Müller Gewicht auf die von ihm entdeckten Porenkanäle der Eikapseln, welche bei Schalenhäuten fehlen. — Ihm schliesst sich im Wesentlichen auch Reichert an (Müller's Archiv 1856 p. 83 u. f.). Kurze Bemerkungen über die Bildungsgeschichte der Eikapsel finden sich bei Merkel v. Hensabach (Zeitschr. f. wissensch. Zool. III. 120) und bei Allen Thompson (Art. Ovum, Todd's Cyclop. V. 105). Ersterer parallelisirt die Kapsel mit der Zona pellucida des Säugethier-Eies, Letzterer, obwohl er sich nur unentschieden ausspricht, ist geneigt, sie aus einer Verschmelzung der Epithelzellen des Follikels abzuleiten. Etwas unbestimmt lauten auch die Angaben von Ransom (Quarterly Journal of Microsc. Science 1867 Bd. VII p. 3). Nach ihm haben schon sehr kleine Stichling-Eier von 1/60''' eine punktirte und ablösbare Kapsel, Vesicsac, die sich durch interstitielles Wachsthum ausdehnt.

Von neueren Autoren nennt Waldeyer die Eikapsel Dotterhaut und giebt an, dass in ihren Porenkanälen zarte vom Follikelepithel ausgehende Protoplasmafäden stecken. Die Membran wird als eine vom Follikelepithel ausgehende Cuticularschicht gedeutet und eine nach innen davon liegende Membran in Abrede gestellt (Waldeyer Eierstock-Ei p. 89). Hinwiederum nennt Oellacher die Kapsel Eierschale und braucht den Ausdruck Dotterhaut für eine Bildung, die im Wesentlichen mit meiner Rindenschicht identisch ist. (Oellacher, Zeitschr. f. wissenschaftl. Zool. Bd. XXII. und im Separatabdruck, Beiträge zur Entwickelungsgesch. d. Knochenfische p. 1.)

3

wahrzunehmen,[1] auch fehlt jegliche Art von Höckern oder Vorsprüngen an den beiden Kapselflächen. Die Flächenansicht der abgelösten Membran gewährt daher ein gleichmässiges, fein chagrinirtes Ansehen.

Die Mikropyle, bekanntlich schon mit Hülfe der Loupe erkennbar, zeigt bei dieser Betrachtung ihren grubenförmigen Zugang, während man bei der Flächenbetrachtung des ausgeschnittenen Kapselstückes unter stärkerer Vergrösserung Grube und Kanal als 2 concentrische, scharf gezeichnete Kreise sieht, um welche ein durch etwas grössere Durchsichtigkeit ausgezeichneter Hof bemerkbar ist. Wichtiger für die Orientirung sind senkrechte Durchschnitte (s. Taf. I. Fig. 7 u. 8) und diese ergeben folgendes Verhalten. In einem Umkreis von etwa ¼ mm. ist die Kapsel zu einer flachen Mulde vertieft, und sie verdünnt sich allmählig von 33 auf 25 μ. Als Zugang zum Mikropylenkanal liegt im Centrum der Mulde ein kleiner Krater von 30—35 μ Durchmesser und 10 μ Tiefe, und in seinem Grund beginnt mit scharfer Absetzung der eigentliche Kanal. Dieser erstreckt sich unter nur schwacher Verjüngung bis zur innern Kapseloberfläche, und er misst in seiner äusseren Hälfte 4 μ, in der inneren 3—3½ μ. Seine Oeffnung an der Innenfläche der Kapsel ist von einem kurzen konischen Vorsprung umgeben, welcher in seiner Ausdehnung dem an der Aussenfläche bemerkbaren Krater entspricht. Es ist mit anderen Worten in der Umgebung des Kanales die Kapsel nach innen vorgetrieben. Eine Vortreibung der Kapsel nach einwärts ist auch jenseits des Conus im Bereich des weiteren Hofes zu erkennen. Die innere Mikropylenöffnung entbehrt einer trichterförmigen Ausweitung, wie ich in Uebereinstimmung mit Reichert und im Gegensatz zu Bruch[2] finde.

Einige Abweichungen von der Lachsmikropyle zeigt diejenige des Forelleneies (Fig. 9 u. 10). Die Kapsel erreicht bei diesem die beträchtliche Dicke von 45 μ und darüber. In der Umgebung des Kanales ist sie indess auf 25—30 μ verdünnt, und dem entsprechend tritt hier die muldenförmige Grube sehr ausgeprägt hervor. Der Durchmesser der Grube ist derselbe, wie beim Lachs-Ei (¼ mm.) und ihr entspricht eine innere Vorwölbung der Kapsel. Inmitten der Grube schliesst sich an einen seichten Krater von ca. 30 μ Durchmesser ein tiefer Trichter an, welcher den Zugang zu dem cylindrischen Theil des Kanals enthält. Der Trichter misst 16—18 μ an Tiefe und 8 μ im Durchmesser, der cylindrische Theil des Mikropylenkanals ist 12 μ tief und hat 3½—4 μ Durchmesser[3].

Es ist nicht ohne Interesse, mit dem Bau und den Dimensionen der Mikropyle diejenigen der Samenfäden zu vergleichen. Die reife Lachsmilch ist eine weisse, in der That wie Milch aussehende Flüssigkeit, aus welcher beim Stehen die Samenfäden als feiner Schlamm sich absetzen. Ausser den Spermatozoen sind keine körperlichen Bestandtheile im Samen vorhanden. Der Kopf der Fäden hat eine etwas abgeplattete, in der Flächenprojection glockenförmige Gestalt; das freie Ende ist gerundet, das dem Schwanz zugekehrte besitzt eine leichte Grube, einem Drüsenhilus vergleichbar. Hier inserirt sich

---

[1] Die von Joh. Müller am Barsch-Ei beschriebenen trichterförmigen Zugänge der Kanäle gehören der äussern Eikapsel an, von welcher unten die Rede sein wird.

[2] Ueber die Befruchtung des Thier-Eies. Mainz, bei V. v. Zabern, 1855, p. 43.

[3] Reichert (Müller's Archiv, 1856, p. 89) unterscheidet laut seinen Erfahrungen an Percoiden zwischen Eingang, Grund und Hals der Mikropyle. Sein Eingang ist der Raum, welcher durch die Einwärtstreibung der Kapsel entsteht, und entspricht sonach dem, was oben als Krater, theilweise auch dem, was als Mulde bezeichnet wurde. Grund und Hals liegen dagegen beide in der Dicke der Kapsel und sind mit den 2 Abtheilungen zusammenzustellen, welche am Forellen-Ei als Trichter und als cylindrischer Theil des Kanals unterscheidbar sind. Trotz aller Variationen bei verschiedenen Fischspecies kehren doch sicherlich gewisse Grundzüge überall wieder. So scheint die Einwärtstreibung der Kapsel im Umkreis des Kanales allen Bildungen gemeinsam und Reichert legt jedenfalls mit Recht Gewicht darauf. Bei dünner Kapsel können Faltungen um die Mikropyle herum auftreten, welche dieser ein mehr oder minder auffälliges Ansehen geben. Solche Falten haben schon Ransom und Allen Thompson am Stichling-Ei beschrieben (Thompson Art. Ovum, man vergl. auch meine Figur 15), noch ausgesprochener sind sie laut der Darstellung von R. Buchholz bei Osmerus eperlanus (M. Archiv, 1863, p. 71 u. 4.). Eine sorgfältige an Durchschnitten durchgeführte Vergleichung einer grösseren Zahl von Mikropylebildungen könnte besonders dann von Interesse sein, wenn sie mit gleichzeitiger Berücksichtigung der specifischen Samenfädenbildung durchgeführt würden.

1*

mittelst eines äusserst unbeträchtlichen Mittelstückes der Schwanzfäden. Eine breite schwarze Contour umsäumt den gewölbten Theil des Kopfes, und an die Contour stösst nach innen eine dunkle Randzone. Das Innenfeld des Kopfes dagegen ist hell, und es schickt durch die Randzone hindurch eine helle Verlängerung zur Anheftungsstelle des Schwanzfadens. Die Länge des Kopfes beträgt 4—4½, seine Breite 3½—4 μ, die Dicke 2—2½ μ. Die Breite des Samenfadenkopfes ist somit gleich, oder selbst ein Kleines grösser als der Durchmesser des Mikropylenkanals in seiner inneren Hälfte. Für die Theorie der Befruchtung ist daraus der wichtige Satz zu entnehmen, dass in keinem Fall mehr als ein Faden aufs Mal den Mikropylenkanal zu durchsetzen vermag.[1]) Um die Dimensionen anschaulich zu machen sind auf Taf. I. Fig. 8 Samenfaden und Mikropyle des Lachs-Eies bei derselben Vergrösserung neben einander dargestellt. Beide Zeichnungen sind völlig unabhängig von einander und möglichst genau mittelst der Camera lucida und System XII. Hartnak aufgenommen worden.

Für die Theorie der Befruchtung ist ferner von Wichtigkeit die Bestimmung der gegenseitigen Lage von Mikropyle und Keim. Bruch giebt in seinem Aufsatz an, dass beim Forellen-Ei die Mikropyle in der Nähe des Embryonalfleckes liege.[2]) Allen Thompson beschreibt sogar nach Ransom, und nach seinen eigenen Beobachtungen an Gasterosteus den Uebergang des innern Mikropylenconus in den Keim.[3]) Mit der Feststellung des Verhältnisses für Lachs- und Forellen-Eier habe ich mich wiederholt beschäftigt. So wahrscheinlich es nämlich a priori erscheinen mag, dass die Lage der Mikropyle zum Keim eine fest geordnete sei, so zeigt doch die Erfahrung an den in Wasser liegenden Eiern, dass der Keim innerhalb der Kapsel verschiebbar ist, indem er bei wechselnder Stellung der letztern jeweilen in die obere Hälfte des Eies rückt. Man kann sonach durch allmähliges Drehen des Eies den Keim in beliebige Stellung zur Mikropyle bringen, man kann ihn unter dieser durchgleiten lassen, oder ihn an den der Mikropyle entgegengesetzten Eipol verlegen. Bei Eiern, welche, sei es befruchtet oder unbefruchtet, einige Zeit im Wasser lagen, habe ich auch, dem entsprechend, die Mikropyle an sehr verschiedenen Stellen liegen sehen. Meistens allerdings fand sie sich in der obern Eihälfte, bald näher, bald ferner vom Keime, zuweilen lag sie indess am Aequator, zuweilen auch in der untern Eihälfte. Eine grössere Constanz der Lage vermochte ich erst zu constatiren, als ich an die Untersuchung von Eiern ging, welche unter Ausschluss von Wasser aufgefangen waren. An den unmittelbar der Bauchhöhle entnommenen, nur in Bauchhöhlenflüssigkeit schwimmenden Eiern fehlt noch die Beweglichkeit der Dotterkugel innerhalb der Kapsel, beide sind fest zu einander orientirt und zwar so, dass die Mikropyle etwas excentrisch über dem Keime liegt. Dies Verhalten ist so constant, dass man die Mikropyle dazu benützen kann, den wegen seiner Durchscheinbarkeit schwer sichtbaren Keim rasch aufzufinden.

In Betreff der chemischen Natur der Eikapseln verdanke ich Prof. Miescher einige Notizen. Darnach bestehen die Kapseln aus einer unlöslichen Eiweissmodification, sie geben intensive Million'sche und Xanthoproteinreaction, widerstehn der Einwirkung einer 2% Kalilösung bei 10°, dabei glasig durchsichtig werdend, und lösen sich nur allmählig durch eine zehnprocentige bei 70—80°; dagegen sind die Kapseln verdaulich und liefern eine zuckerfreie Peptonlösung; sie enthalten 0,76% Schwefel und nur verschwindende, von anhaftender Dotterrinde ableitbare Spuren von Phosphor.

Der Keim ist beim reifen unbefruchteten Ei eine flache, am Rand sich zuschärfende Proto

---

[1]) Von dem „Hineingerissenwerden" der Spermatozoiden in die „verhältnissmässig weite, gerade noch mit freiem Auge sichtbare Oeffnung" der Mikropyle, wovon Oellacher spricht, kann nach obiger Schilderung nicht wohl die Rede sein.

[2]) Bruch l. c. p. 12.

[3]) Allen Thompson l. c. p. 194. the micropyle of the gasterosteus as described by Ransom and observed by myself is a considerable funnel-shaped depression in the outer membrane, which projects inwards on the granular substance of the yolk, so as to indent this layer to some depth, and probably to reach near to the germinal vesicle, which lies imbedded within the germinal layer.

plasmascheibe, welche ihre äussere Fläche frei der Kapsel zuwendet, während die innere zunächst auf einer Lage von Rindenmasse aufruht. Bevor das Ei in Wasser gelangt, ist der Keim sehr durchscheinend und seine Umgränzung schwer zu beurtheilen. Man erkennt ihn unter diesen Verhältnissen als einen, unter der Mikropyle befindlichen grauen Anflug; wogegen er nach dem Uebertritte des Eies in Wasser trüb wird, und nunmehr als runder weisser Fleck leicht zu sehen ist. Immerhin entbehrt der Keim auch jetzt noch einer scharfen Gränzcontour, denn sein Rand verliert sich in scheinbar unregelmässiger Weise zwischen den gefärbten Tropfen der Umgebung. Mikroskopische Durchschnitte erhärteter Eier bestätigen die Einschiebung von Elementen der benachbarten Rindensubstanz in den peripherischen Saum des Keimes. Wahrscheinlich sind auch die Begränzungen der Keimscheibe vor Eintritt der Befruchtung wechselnde, wegen der vorhandenen protoplasmatischen Bewegungen.[1] Unter diesen Verhältnissen ist es schwer, genaue Maasse des Keims zu geben; bei Messungen des sichtbaren Flecks vor Eröffnung des Eies erhält man Werthe etwas unter 2 mm. (1.7 1.8 mm.). Die an Durchschnitten erhaltenen sind dagegen etwas bedeutender, 2—2.3 mm. Die grösste Dicke der Scheibe bestimmte ich an Durchschnitten zu 0.2 mm.

Eine Isolirung des vollständigen Keimes am frischen Ei gehört zu den schwierigeren Operationen und man wird sich in der Regel damit begnügen müssen, denselben mehr oder weniger verstümmelt zur Untersuchung zu bekommen.[2] Er bildet, wenn er von anhaftenden Rindenelementen möglichst gereinigt ist, einen, von dunkeln scharfen Contouren umsäumten, von zahlreichen, feineren und gröberen Körnern sehr getrübten Klumpen. Die feinern Körner wiegen bedeutend vor, die gröbern, bis zu 3 à 6 μ messend, sind nicht besonders reichlich.

Nicht lange behält der isolirte frische Keim seine compacte Form. Selbst bei aller Vermeidung äusseren Druckes durch aufgelegte Deckgläser, d. h. also wohl unter dem blossen Einfluss der Schwere brechen nach wenigen Augenblicken und an verschiedenen Punkten Substanzströme aus seiner Oberfläche hervor, welche um rasch sich ausbreiten, und das Bild zu einem sehr mannigfaltigen machen (Taf. I. Fig. 3). Sofort nach ihrem Durchbruch und unter den Augen des Beobachters durchlaufen die Substanzströme das Gesichtsfeld und sie ziehen sich unter zunehmender Entfernung ihrer Endpunkte vom Anfangspunkte zu Fäden von ungemeiner Länge aus. Die Zähigkeit der strömenden Substanz ist so gross, dass einzelne Fäden bis in's unmessbar Feine gedehnt werden, ohne doch je zu zerreissen. Solche feinste Fäden können bei ihrem gestreckten Verlauf feinen Nervenfasern ähnlich sehen, um so mehr, als sie mit stellenweisen Varicositäten versehen zu sein pflegen. Hat die Protoplasmaausströmung einige

---

[1] Die ersten Angaben über die Protoplasmabewegungen des Fleckkeimes stammen von Stricker. Sitzungsber. der Wiener Akademie 1865, mat. naturw. Klasse. Bd. 51. Directe Beobachtungen über die Bewegungen des befruchteten Forellenkeimes theilt auch Oellacher mit. Die Scheibe ändert hiernach abwechselnd und in langsamer Weise ihren Durchmesser und ihre Dicke. Später sollen am Keim oberflächliche Buckel auftreten und sich verschieben. In wie weit die von ihm, und früherhin von Stricker abgebildeten Formunregelmässigkeiten erhärteter Keime ührte normale Zustände sind, das scheint mir auch eine sehr offene Frage. Meinerseits bin ich ihnen nur begegnet bei Anwendung einer Chromsäurelösung von 0,3 %. Es ist bei Beurtheilung jener Formen sowohl die Möglichkeit von Quellungen des unvollständig erhärteten Keimes bei Anwendung sehr schwacher Lösungen, als auch diejenige von abnormen Reizungen des Protoplasma im Moment der Berührung mit einem concentrirteren Erhärtungsmittel in's Auge zu fassen. Weder Stricker noch Oellacher geben die Concentration der von ihnen angewendeten Chromsäurelösung an. Am Brecht-Ei, das ich sowohl im unbefruchteten als im befruchteten Zustande viel untersucht habe, habe ich die langsamen Protoplasmabewegungen gesehen, niemals aber die Bildung jener von Stricker und Oellacher behaupteten Buckeln.

Die unbestimmte Abgränzung des Keimes gegen die Rinde betont auch Oellacher und er ist geneigt, die letztere (seine Dotterhaut) als peripherischen Theil des Keimes anzusehen. Hierin stimme ich für das reife Ei nicht mit Oellacher überein, dagegen halte ich bei früheren Entwicklungsstufen den Satz für richtig, dass man das Ei als eine mit Nahrungs-(Neben-) Dotter gefüllte Protoplasmablase ansehen könne (l. c. p. 13).

[2] Am besten ist es, das Ei in der untern Hälfte fein anzustechen, nach erfolgter Minderung der Spannung die untere Hälfte der Kapsel abzutragen und nun aus der obern den Keim aufzunehmen.

Zeit angedauert, so sieht man zahlreiche netzartige Verbindungen zwischen den Stromfäden, besonders zwischen den gröbern und mittelfeinen ausgebreitet. Man könnte da an ein Zusammenfliessen der einzelnen Ströme denken, indess habe ich ein solches nie beobachten können. Wohl aber habe ich mich des Wiederholtesten überzeugt, wie gleich beim Austritte aus dem Hauptklumpen arkadenförmig zusammenhängende Ströme sich ablösen, deren Verbindungsbogen dann in eben dem Maasse sich ausziehn als die Ströme vom Ursprung sich entfernen.

Die Rindenschicht hat bei allen bisherigen Bearbeitern des Fischeies nur geringe Würdigung gefunden, obwohl der Nachweis ihrer selbstständigen Existenz, selbst für die äussere makroskopische Betrachtung, keine Schwierigkeiten darbietet. Sie bildet eine, den flüssigen Dotter umfassende, meist von zahlreichen gefärbten Tropfen durchsetzte, dünne Schicht, welcher der Keim äusserlich aufgesetzt ist. Sie ist sonach, schon hinsichtlich ihrer Lagerung, der weissen Rindenschicht des Vogeleies an die Seite zu stellen. Ursprünglich unmittelbar unter der Eikapsel liegend, wird sie nach dem Austritte der Eier in's Wasser von dieser geschieden, indem Wasser zwischen beide sich eindrängt. Bei manchen Fischarten ist dieser Wassereintritt sehr erheblich, und die Kapsel hebt sich durch einen breiten Zwischenraum von der Dotterkugel ab, welch letztere immer noch von der Rindenschicht knapp umspannt bleibt. Beim Lachs-Ei ist die Menge des eintretenden Wassers nicht sehr beträchtlich. Dasselbe sammelt sich hier über der Dotterkugel an und ist somit für die Betrachtung von oben nicht wahrnehmbar, dagegen sieht man es leicht, wenn man die Eier in einem Glascylinder von der Seite her betrachtet. In Folge des Wassereintritts in das Ei wird die Dotterkugel innerhalb der Kapsel beweglich. Sie dreht sich bei jeder Drehung des Eies jeweilen in ihrer Gesammtheit, so dass der Keim in die obere Hälfte des Eies rückt. Alle farbigen Kugeln verändern dabei ihre Stellung, während ihre relative Lage nur vorübergehend gestört wird. Während der Drehung nämlich verläuft eine Falte längs der innern Oberfläche der Dotterkugel, welche kurz andauernde Verschiebungen der rothen Tropfen gegen einander bedingt. Ist der Eiinhalt zur Ruhe gelangt, so gleicht sich die Falte wieder aus, und es haben sofort die Tropfen wieder ihre gegenseitige Lage angenommen. Vor der Wassereinwirkung auf das Ei fehlt die freie Beweglichkeit der Kapsel und ihre Stellung zur Dotterkugel ist eine feste.

Dem oben Gesagten zu Folge sind die sog. Fetttropfen nicht frei in der Eiflüssigkeit suspendirt, wie dies die meisten Autoren angeben[*]), sondern sie sind in einer besondern Schicht und in ganz bestimmter Weise ausgebreitet. Am reichlichsten liegen sie an der Peripherie des Keimes und unter diesem; ausserdem aber finden sie sich, je in kleinen Gruppen beisammenliegend, rings um das Ei herum. Senkrechte Durchschnitte erhärteter Eier zeigen die rothen Tropfen in eine zusammenhängende körnige Schicht eingelagert, vielfach gegen den flüssigen Dotter vorspringend (Taf. I. Fig. 6). Sie finden sich hier neben ungefärbten Kugeln von etwas weniger starkem Lichtbrechungsvermögen und von wechselnder Grösse, Kugeln, von denen wir später sehn werden, dass sie die Bedeutung von Zellenkernen haben.

Wird das Lachs-Ei unter Jodserum oder unter Salzlösung angestochen, so tritt die Rindenschicht in einzelnen Fetzen hervor. Für das blosse Auge bestehen diese, abgesehen von den rothen Tropfen, aus einer trüben körnigen Masse. Bald nach dem Austritte aus dem Ei beginnen Vorgänge höchst eigenthümlicher Art. Bald hier, bald dort nämlich sieht man eine von den rothen Kugeln mit einem Ruck auf das Doppelte oder Dreifache ihres ursprünglichen Volumens anquellen, wobei sie natürlich

---

[*]) So Leuckart l. c. 596. Allen Thompson, Vogt u. A. Allen Thompson l. c. 162 giebt eine Abbildung bei welcher die Fetttropfen beliebig im Dotter zerstreut sind. Vogt l. c. p. 12 spricht von den Oeltröpfchen des Dotters, welche diesem obenauf schwimmen. — Bei einzelnen Species mögen indess wirklich freie Tropfen vorkommen, so giebt Retzius, Müller's Archiv 1855 p. 39, an, dass in Eiern der Aalquappen aus der Ostsee ein einziger grosser Oeltropfen vorhanden sei. Aehnliches schreibt v. Baer von einigen Percoiden. Ein Freiwerden der Tropfen der Rindenschicht und ein theilweises Zusammenfliessen erfolgt übrigens auch beim Lachs in späteren Entwicklungsstadien (nach dem Auskriechen). Da dabei eintretende saure Reaction weist auf vorangegangene Zersetzungsvorgänge hin.

den Theilen in ihrer Umgebung einen heftigen Stoss mittheilt. Es tritt während einiger Zeit in den ausgetretenen Fetzen der Rindenschicht ein Bombardement ein, von dessen Ablauf die einfache Loupenbetrachtung die beste Uebersicht giebt. Die Zusatzflüssigkeit ist zwar für die Raschheit dieses Vorganges nicht ganz gleichgültig, indess tritt derselbe bei verschiedenen Zusätzen (Jodserum, schwacher Chromsäure, Salzlösungen verschiedener Concentration) ein, und er bleibt auch dann nicht aus, wenn der Eiinhalt ohne jeglichen Zusatz auf dem Objectträger ausgebreitet wird.[*] Es scheint sonach, dass derselbe durch die Beseitigung der natürlichen Druckverhältnisse des Eies in erster Linie eingeleitet wird. Nicht alle Kugeln quellen gleichzeitig auf. Manche können lange Zeit Widerstand leisten, um dann schliesslich gleichfalls urplötzlich sich anzudehnen. Die gequollene Kugel unterscheidet sich von der ungequollenen nicht allein durch ihr Volumen, sondern auch durch ein weit geringeres Lichtbrechungsvermögen, auch ist selbstverständlich wegen der Vertheilung des Farbstoffs auf eine grössere Masse ihre Färbung eine blassere geworden. Das Aufquellen der rothen Tropfen in wässriger Flüssigkeit wirft ein eigenthümliches Licht auf ihre angebliche Fettnatur. Zwar schwimmen die Tropfen im Wasser und sie sind in Aether leicht löslich, indess ist kein Fett bekannt, welches die erwähnte Eigenschaft besässe. Ich dachte daran, es möchte sich um einen Stoff aus der Lecithingruppe handeln, indess haben die von Prof. Miescher angestellten Versuche gezeigt, dass das rothe Oel kaum Spuren von Phosphor enthält. Die Quellungserscheinungen der Tropfen bleiben somit dermalen unerklärt.

Die rothen Tropfen der Rindenschicht, in ihrer Grösse von 0.02 bis 0,25 mm. wechselnd, sind je von einer Hülle protoplasmatischer Substanz umgeben. So lange diese Hülle intact ist, behält die Kugel ihr Volumen bei, das rasche Aufquellen der letztern fällt mit Sprengung der Hülle zusammen. Jod färbt die Hülle gelb, ohne den Tropfen zu färben, Essigsäure bringt sie zum Quellen, 10 % Kochsalz oder Salmiaklösung macht sie sehr durchsichtig. Die Menge der umhüllenden Substanz wechselt. Grosse Tropfen pflegen nur von einer sehr dünnen Schicht umgeben zu sein, kleinere dagegen findet man einzeln oder zu mehreren in einem Protoplasmaklumpen von oft relativ beträchtlicher Mächtigkeit liegend. Die „Tropfenträger" des Lachs- und des Forellen-Eies sind meistens nur von unregelmässig körnigen Contouren umsäumt. In andern Fällen dagegen und zwar einestheils vor dem Zusammentreffen mit Wasser, anderntheils nach bereits eingeleiteter Entwickelung umgiebt eine scharfe glatte Contour den Protoplasmahof des Gebildes (Taf. I. Fig. 5 a u. b.).

Die Protoplasmahülle der Tropfen umschliesst stets einen oder mehrere blasse Körper von 8 bis 20 µ Durchmesser, welche ich vorläufig als Rindenkerne bezeichnen will. Im Uebrigen besteht sie, ähnlich dem Keimprotoplasma, aus einer halbflüssigen zähen Substanz, welche unter dem Einflusse von Vorgängen in ihrer Umgebung in mehr oder weniger lange Fäden von trübem Aussehen und von dunkler Contourirung sich ausziehen (Taf. I. Fig. 4). So gross als beim Keimprotoplasma ist übrigens weder der Grad der Beweglichkeit, noch der der Zähigkeit. Wenigstens sind mir am Rindenprotoplasma nie jenen feinen und feinsten Fadenbildungen begegnet, wie sie so leicht am Keimprotoplasma zur Anschauung kommen.

In wie weit das Protoplasma der Tropfenträger selbstständiger Bewegungen fähig ist, ist schwer zu ermitteln. Verlängerungen und Verkürzungen ausgestreckter Fäden kommen nicht selten zur Anschauung, ebenso Formveränderungen einzelner unter dem Gesichtsfeld liegender Tropfenträger. Bedenkt man aber, wie leicht schon Druck oder Flüssigkeitsströme zu Ausläuferbildungen führen können, wie die durch Druck oder Zerrung verlängerten Fäden beim Nachlass der äusseren Einwirkung einer elastischen Zusammenziehung fähig sind, und wie auch langsame Rollung rundlicher Körper anscheinende Formveränderungen zu bedingen vermag, so wird man zur Vorsicht in der Deutung gemahnt. Stunden-

---

[*] v. Baer scheint schon etwas dem Obigen Vergleichbares im Auge zu haben, wenn er angiebt, dass die Oeltropfen des Fischeies auf einer Glasplatte leicht zerfliessen (Entw. d. Fische p. 8).

Lange Verfolgung desselben Tropfenträgers mit Hülfe der Camera lucida hat mir mehrentheils negative und nur einigemal Ergebnisse anscheinend positiver Natur geliefert. Sollte eine active Beweglichkeit des Rindenprotoplasma's beim Lachs, oder bei der Forelle vorhanden sein, so ist sie doch jedenfalls sehr schwach ausgeprägt und träge. Auch auf die Einwirkung hin von Inductionsschlägen habe ich nie ein unzweideutiges Resultat zu constatiren vermocht.

Aus demselben Protoplasma mit eingestreuten Kernen von 8 bis 30 μ Durchmesser besteht auch die übrige den Dotter umgebende Rinde. Bei der Betrachtung unverletzter, etwas gequetschter Eier sieht man zwischen den farbigen Tropfen die farblosen Kerne einen an andern dicht gedrängt liegen, jeweilen nur durch schmale Streifen körniger Substanz geschieden. An Erhärtungspräparaten jedoch und auch an der entleerten Masse des frischen Lachs- oder Forellen-Eies habe ich eine Gliederung der Rinde in zellenartige Felder nicht zu erkennen vermocht. Sofern also solche Gliederung besteht, so muss sie optisch leicht verdeckbar und beim Austritt des Einhaltes mechanisch leicht zerstörbar sein. Sicher ist, dass bei einer grossen Zahl von Fischeiern diese Gliederung der Rindensubstanz in kleine Zellenterritorien leicht nachgewiesen werden kann.[1]

Die in das Rindenprotoplasma eingebetteten Kerne sind durchweg von scharfen Contouren umgeben, bald etwas stärker, bald schwächer lichtbrechend. Sie sind am normalen Ei ganz homogen ohne sichtbare Kernkörper, und bestehen aus einer weichen, durch Druck ihre Form verändernden Substanz. Gegen Jod verhalten sie sich nicht alle übereinstimmend, manche färben sich intensiv, andere bleiben ungefärbt, oder färben sich nur langsam, als ob dem Eindringen der Tinctur ein Widerstand entgegenstände; ebenso pflegt Carmin die frischen Kerne gar nicht oder nur sehr schwach zu färben. Werden Eier mit 10% Salzlösung und mit Aether behandelt, so sammeln sich die Kerne in einer schleimigen Schicht an der Gränze von Aether und Salzlösung; die fraglichen Kerne widerstehen der Verdauung mit Magensaft. Wird der bei Verdauung von Fischeiern zurückbleibende weisse Bodensatz wiederholt mit Aether und mit Alkohol behandelt, so sind immer noch die Kerne vorhanden, die nun sehr dunkle Contouren zeigen. Nach dieser Behandlung färben sie sich sehr rasch und intensiv, sowohl durch Jod als durch Carmin.

Die Dotterflüssigkeit, wie sie beim Anstechen des Eies entleert wird, ist klar, nur sehr schwach gefärbt, ziemlich stark lichtbrechend und klebrig. Am reinsten erhält man sie von Eiern, in welchen die Rindenschicht zu einem Klumpen sich zusammengeballt hat. Die von der Rindenkugel ausgestossene Flüssigkeit zeigt sich nun völlig durchsichtig und frei von morphologischen Bestandtheilen. Bei ihrem bedeutenden Concentrationsgrade trocknet sie auf dem Objectträger rasch ein, und sie hinterlässt eine glasartig spröde und durchsichtige Masse, die bald von Rissen durchsetzt wird.

Die Dotterflüssigkeit wird wegen ihres Vitellingehaltes sofort auf das tiefste getrübt wenn sie mit Wasser in Berührung kommt. Sticht man das Ei unter Wasser an, so gerinnen die austretenden Flüssigkeitsfäden bald zu zusammenhängenden weissen Strängen. Der geringste Wasserzusatz genügt zur Herbeiführung der Trübung, und es ist daher, falls man den unvermengten Einhalt klar entleeren will, ein sorgfältiges Abtrocknen des anzustechenden Eies erforderlich.

Das Gerinnsel, das durch Wasserzusatz entsteht, stellt sich unter dem Mikroskop als ein Maschenwerk von durchsichtigen, stark lichtbrechenden Balken dar, mit zahlreichen runden Maschen. Es erinnert das Bild an dasjenige von sehr dickten elastischen Netzen oder von gefensterten Platten. Die Balken scheinen aus einer zähen, mit Wasser nicht sich mengenden Flüssigkeit zu bestehen. Bei Verschiebung des Deckglases ändert sich ein gegebenes Bild vollständig und es entstehen neue Combinationen mit andern Balkenbreiten und andern Maschendurchmessern.

[1] Diese Kerne hat Leuckart im Auge, wenn er, l. c. 796, sagt, dass neben den Dottertropfen einzelne blasse sog. Eiweisskügelchen von blasigartigem Aussehen vorkommen. Auch andere Autoren nannten sie Eiweisstropfen. Abgesehen, dass der Ausdruck Tropfen auf diese Körper nicht passt, so ist auch nicht einzusehen, wie Eiweisstropfen in einer Eiweissflüssigkeit schwimmen sollten.

Die durch Wasser ausgeschiedene Masse löst sich leicht in Kochsalz- oder in Salmiaklösung (10%), in verdünnten Alkalien, in sehr verdünnter Salzsäure (⅟₁₀₀₀). Legt man unversehrte Lachseier einige Tage in Salzlösung, so wird ein Theil des gelösten Einhalts nach aussen abgegeben, und die Flüssigkeit, in welcher die Eier lagen, trübt sich nunmehr durch Wasserzusatz.

Da die Zusammensetzung der Dotterflüssigkeit Gegenstand einer eingehenden chemischen Untersuchung sein muss, so trete ich nicht auf weitere Verfolgung ihrer Reactionen ein, ich hebe nur das für mikroskopische Beobachtung wichtige Ergebniss hervor, dass die verschiedenen, aus dem flüssigen Dotter erfolgenden Ausscheidungen durch gewöhnliche Configuration sich auszeichnen, ein Umstand, der zu grosser Vorsicht bei Beurtheilung aller der mikroskopischen Bilder auffordert, die der Einhalt im weiteren Verlauf der Entwicklung zeigt. Bei Zusatz starker Kalilauge bildet sich eine Gallerte, die unter dem Mikroskop aus steifen durchsichtigen Platten, Fragmenten von Glasbandt ähnlich, besteht. Zusatz von Glycerin zum Dotter giebt streifige Platten und Bänder, die Linsenfasern vergleichbar sind. Chromsäure, das souveräne Mittel zum Erhärten der Eier, erzeugt, ähnlich wie Wasser, ein von zahlreichen runden Maschen (resp. Tropfen) durchsetztes Balkengerüst. Solche Gerinnungsbilder der Dotterflüssigkeit liegen, meiner Ueberzeugung zufolge, den von Reichert und von andern gemachten Angaben über Röhrenstructur des Fischdotters zu Grunde.

Die Empfindlichkeit des Fischdotters gegen Wasser ist seit Langem bekannt, und man hat sich auch verschiedentlich bemüht, die Schutzvorrichtung kennen zu lernen, welche das Wasser vom unmittelbaren Contact mit der Dotterflüssigkeit abhält. Bruch z. B. glaubt, die Eikapsel thue diesen Dienst, und sie reiche dazu aus, sofern nicht etwa die Mikropyle abnorm gross, oder verletzt sei.[1] Diese Vorstellung widerlegt sich leicht, da in zahlreichen Fischspecies der Wassereintritt durch die Kapsel handgreiflich ist. Andere Forscher nehmen eine structurlose Dotterhaut nach innen von der Eikapsel an, so C. Vogt und Lereboullet. Ersterer erschliesst (bei Palaea) die angebliche Dottermembran geradezu aus dem Verhalten des Einhalts gegen das Wasser.[2] „An premier abord il semble que la membrane extérieure ou coquillière entoure immédiatement le vitellus, cependant il résulte des modifications que l'œuf subit dans l'eau, que la membrane vitellaire existe aussi." Vogt bezeichnet diese Membran als sehr dünn, für Wasser undurchgängig, aber für Säuren durchgängig.

Ganz dieselbe Gedankenfolge entwickelt Lereboullet, er sagt nämlich vom Hecht-Ei:[3] „la membrane vitelline est difficile à apercevoir à cause de son extrême ténuité. On conçoit cependant que cette membrane doive exister. S'il n'existait pas de membrane vitelline, l'eau qui a pénétré dans l'œuf devrait aussi en altérer la transparence, ne fut ce qu'à la surface du vitellus, ce qui n'a pas lieu. Il faut donc qu'il-y-ait une membrane interposée. D'ailleurs quant on a coagulé l'œuf, on parvient quelques fois à mettre en évidence quelques lambeaux de cette membrane." Alle Autoren, die von einer solchen Dotterhaut sprechen, sind jedenfalls darüber einig, dass sie äusserst schwer nachweisbar sei.[4]

Eine Dotterhaut im Sinne der eben citirten Autoren existirt nicht, eine structurlose Membran würde auch, nach Allem was wir über die physikalischen Eigenschaften solcher Bildungen wissen, zur Abhaltung des Wassers vom Einhalt wenig geeignet erscheinen. Dagegen erfolgt der Schutz des Eidotters durch die oben beschriebene Rindenschicht. So lange die Rindenschicht intact ist, bleibt das Ei durchsichtig und entwickelungsfähig; sowie die leichteste Verletzung der Rinde erfolgt, tritt Trübung ein und das Ei stirbt ab.[5] Die Verletzungen der Rinde können Folgen sein von Druck oder Stoss, sie

[1] Bruch l. c. p. 13.

[2] Vogt l. c. p. 10.

[3] Lereboullet, Embryol. comp. du brochet, de la perche et de l'écrevisse. Mém. des sav. étrang. Bd. XVII. p. 160.

[4] So auch Rathke, Entw. des Blennius viviparus p. 5, welcher angiebt, eine Dotterhaut sei blos vor Anwesenheit des Chorion im Eierstocke nachweisbar.

[5] Die Bedeutung der Rindenschicht für die Integrität der im Wasser liegenden Eier hat neuerdings auch

lassen sich beispielsweise durch Kneten der Eier zwischen den Fingern hervorrufen; sie treten ferner als Vertrocknungswirkung ein, wenn ein Ei einige Zeit an der Luft liegt; ganz besonders aber erscheinen in der Hinsicht parasitische Pflanzen gefährlich, welche durch die Kapsel hindurch eine Invasion in den Dotter machen. Die Bedeutung des fliessenden Wassers für die so langsam sich entwickelnden Lachs- und Forelleneier liegt wesentlich nur in der Erschwerung der Pilzinvasionen. Hält man Eier in einem Gefäss ohne Erneuerung der Flüssigkeit, so können sie eine Reihe von Tagen hindurch völlig klar bleiben, so lange das Wasser sich klar erhält; tritt dann aber durch Vibrionenbildungen Trübung des Wassers ein, so werden beinahe mit einem Schlage die sämmtlichen Eier weiss. Oeftere Erneuerung des Wassers lässt es nicht zur Anhäufung jener Keime kommen, und vielleicht hindert das Fliessen des Wassers auch mechanisch ihre Anheftung am Ei. Jedes verdorbene Ei bedeckt sich nach wenigen Tagen mit einem zierlichen Strahlenkranz von Schimmelfäden, in dessen Maschen allmälig auch die gesunden Nachbarn verstrickt, und dadurch zum Verderben gebracht werden. [1]

Gegen mechanische Verletzung ist die Rindenschicht nicht während der ganzen Entwicklungs-dauer gleich empfindlich. Das Maximum der Empfindlichkeit ist vorhanden in der Zeit, wo das Ei auf dem Punkt ist, von der Keimhaut umschlossen zu werden. In dieser Periode, die selbst unter den normalsten Verhältnissen jeweilen durch das Absterben eines Theils der Eier sich charakterisirt, ist der Widerstand, welchen die Dotterumhüllung dem Druck der gespannten Flüssigkeit entgegenstellen kann, ungleich vertheilt. Die von der Keimhaut noch nicht umschlossenen Stellen sind schwächer, und somit der Zerreissung weit zugänglicher, als die bereits umschlossenen. An den durchsichtigen Eiern von der Aesche oder vom Hecht sieht man in dieser Zeit den Dotter am Grenzsaum der Keimhaut wie von einem Ring eingeschnürt und bruchartig vorgetrieben. Hat sich später die Umwachsung vollendet, so ist auch die Gefahr einer Zerreissung der Rinde viel geringer geworden.

Der Vorgang der Rindenzerreissung und seine Folgen lassen sich mit Hülfe der Loupe, oder theilweise auch vom blossen Auge leicht verfolgen. Ist durch mechanische Insulte des Eies ein Riss entstanden, so quillt die Dotterflüssigkeit durch denselben hervor, und breitet sich zwischen Rinde und Kapsel aus. Erst geschieht dies langsam, dann aber mit Vergrösserung des Risses rascher, und das Ende des Vorganges ist immer die Zusammenziehung der gesammten Rindenmasse einschliesslich des Keimes auf einen kleinen Klumpen. Dieser Ablauf ist derselbe, mag das Ei im Wasser liegen, oder mag es im Trockenen, oder in unschädlichen Flüssigkeiten sich befinden. In ersterem Fall erfolgt während des langsamen Dotteraustritts aus der Rindenkugel die Trübung allmälig, und erscheint zuerst in scharf umschriebenen Streifen oder Flecken. Bleibt dagegen das verletzte Ei der Wasserwirkung entzogen, so bewerkstelligt sich in ihm eine Scheidung in den stark gefärbten, alle geformten Bestand-theile umschliessenden Rindenklumpen und in die klare, völlig durchsichtige und nur leicht gelblich gefärbte Flüssigkeit. Ersterer schwimmt wegen seines geringeren specifischen Gewichts stets in der oberen Hälfte des Eies. Dieses höchst charakteristische Bild gewähren z. B. Eier, welche einige Zeit an der Luft lagen, oder solche, welche man in Kochsalzlösung aufbewahrt hat; künstlich kann man dasselbe Bild gewinnen, sobald man die durch Wasserwirkung trüb gewordenen Eier in Kochsalzlösung aufhellt. Auch aus der Bauchhöhle lebender Thiere werden zuweilen Eier mit also geschiedenem Inhalt

Oellacher hervorgehoben; obwohl er sie Dotterhaut nennt, beschreibt er richtig die Einlagerung der farbigen Fett-tropfen. Ihre Isolation hat er an Goldchloridpräparaten vorgenommen. Vor ihm hatte Riemeck die Schicht übersehen, weil er von erharteten Eiern die „starren Hüllen“ abzog, und dann die zurückbleibenden „nackten Kügelchen“ untersuchte (M. Schultze's Archiv Bd. V, p. 357). Beim Abziehen von erharteten Lachs- und Forellen-Eiern pflegt nämlich die Rindenschicht der Kapsel ganz oder doch grösstentheils zu folgen.

[1] Die Gefahr der Schimmelvegetationen für die sich entwickelnden Eier ist schon lange bekannt, und um ihr vorzu-beugen, ist verschiedentlich das tägliche Abpinseln der Eier empfohlen worden. (Vogt l. c. u. Coste. Traité pratique de pisciculture.)

entleert.[*]) Selbstverständlich werden alle so beschaffenen Eier sofort weiss, sowie sie in's Wasser kommen.

Der Umstand, dass die Rindenschicht mit elastischer Spannung die Dotterflüssigkeit umgiebt, und dass sie nach Zerreissung sich auf geringere Ausdehnung zusammenzieht, liefert, wie man sieht, gewisse Anhaltspunkte für Beurtheilung der physikalischen Eigenschaften des Rindenprotoplasma. Es ist daraus jedenfalls zu entnehmen, dass dieses, trotz seines früher beschriebenen Fliessvermögens, doch nicht ohne Weiteres als Flüssigkeit zu bezeichnen ist. Wir haben es da, wie überhaupt bei protoplasmatischen Substanzen, mit Aggregatszuständen zu thun, für welche die üblichen Begriffsdefinitionen von fest und von flüssig nicht recht ausreichend erscheinen, und deren Physik im Grunde noch ganz und gar zu schaffen ist.

Das reife Forellen-Ei

ist kleiner als das des Lachs. Sein Durchmesser variirt von 4 bis 5,3 mm. Die Unregelmässigkeiten der Form sind mehr ausgesprochen, auch kommen unter den Eiern desselben Thieres nicht unbeträchtliche Grössenunterschiede vor. Die Färbung ist hellgelb, ohne Stich in's Röthliche; sie haftet auch hier an den Tropfen der Dotterrinde. Keimscheibe, Rindenschicht und Dotterflüssigkeit verhalten sich im Uebrigen wie beim Lachs, die Kapsel ist im Allgemeinen etwas dicker, 15 μ.[*]) Hinsichtlich der Mikropyle ist schon oben das Nöthige mitgetheilt worden.

Die Eier der Aesche (Thymallus vulgaris v. Siebold)

bei uns Ende April erhältlich, sind von ziemlich regelmässig kugeliger Gestalt und besitzen bald nach ihrem Eintritt in's Wasser einen mittleren Durchmesser von 1,2 mm. Hiervon weichen die Eier derselben Portion nur wenig ab. Beim Liegen im Wasser scheidet sich die Kapsel von der Dotterkugel und zwischen beiden entsteht ein, von eingedrungenem Wasser ausgefüllter Zwischenraum von 0,3 bis 0,6 mm. Breite. Die Radiärkanäle der dünnen Kapsel sind weiter als bei Lachs und Forelle.

Die Dotterkugel, 3,3 bis 3,5 mm. im Durchmesser fassend, ist gewohnter Weise von der Rindenschicht umhüllt, und sie trägt an bestimmter Stelle den Keim. Letzterer zeichnet sich aus durch intensive Färbung, welche bei einigen Eiern rein citronengelb, bei andern orange oder selbst mennigroth ist.

Auch hier enthält die Rindenschicht zahlreiche farbige Tropfen, deren Nuance rothgelb ist und zwischen derjenigen des Forellen- und der des Lachs-Eies die Mitte hält. An Eiern, welche unter dem Compressorium leicht gequetscht werden, sieht man, dass die äussere Fläche der Rinde glatt ist, während die innere zahlreiche, gegen den Dotter gerichtete Vorsprünge besitzt, in welchen die farbigen Kugeln eingelagert sind (Taf. I. Fig. 10). Die Kapsel ist an ihrer innern Oberfläche völlig frei von Anlagerungen. Die Umhüllung der Tropfenträger scheint etwas widerstandsfähiger als bei Lachs und Forelle, wenigstens sah ich sie hier nicht spontan platzen, sondern nur unter dem Einfluss äusseren Druckes. Sie umschliesst je einen oder mehrere blasse Kerne. Neben den Tropfenträgern finden sich Bildungen, welche man an Lachs- oder Forellen-Eiern nur ausnahmsweise zu Gesicht bekommt, es sind dies Blasen, welche keine Oeltropfen, sondern nur eine Anzahl von Kernen enthalten; Bildungen somach, welche in ihrem Habitus völlig den weissen Dotterkugeln des Hühner-Eies entsprechen (Taf. I. Fig. 12).

[*] Herr Glaser leitet die Entstehung dieser „todten Eier", wie er sie nennt, von Verletzungen des lebenden Thieres resp. seines Ovariums durch den Transport oder durch andere Fische ab.

[*] Eine ungewöhnliche Dicke von 50 μ fand ich an der Kapsel von Forellen-Eiern, die mir den 16. März 1870, also zu einer ganz ungewöhnlichen Zeit, vom Schwarzwald zukamen. Die Eier waren von geringerer Durchsichtigkeit als gewöhnlich.

Neben diesen finden sich dann allerdings im entleerten Eiinhalt zahlreiche Rindenkerne, frei umherschwimmend, die aus zerstörten Bläschen stammen mögen.

Die Dotterflüssigkeit erscheint gegen Wasser eben so empfindlich, als diejenige anderer Fisch-Eier. Uebt man nun unter dem Compressorium einen vorsichtigen Druck auf ein Aeschen Ei aus, so gelingt es nicht selten, die Rinde zum Bersten zu bringen, ohne gleichzeitige Zerreissung der Kapsel. Die Dotterflüssigkeit ergiesst sich zwischen Kapsel und Rinde, und dabei tritt sofort Trübung der ausgetretenen Substanz ein. Dies zeigt, dass die unter der Kapsel angesammelte Flüssigkeit wirklich Wasser ist, und liefert einen neuen Beweis dafür, dass das Wasser zwar leicht durch die Kapsel, nicht aber durch die Rindenschicht hindurchzutreten im Stande ist.

Ein Phänomen, das die Aufmerksamkeit besonders in Anspruch zu nehmen vermag, ist die Rotation der Dotterkugel. Der Keim, stets in der oberen Eihälfte liegend, führt anhaltende Oscillationen aus, so dass er, bei der Betrachtung des Eies von oben, bald die Mitte des Feldes einnimmt, bald wiederum an dessen Rand gerückt erscheint. Zugleich mit dem Keim verrückt sich die gesammte Oberfläche des Dotters, und jeder farbige Tropfen verlässt fortwährend seine Stelle, um nach einiger Zeit wieder dahin zurück zu kehren. Mit Hülfe der Camera lucida kann man leicht die Projection einer solchen Bahn und die Umlaufzeit bestimmen. Man braucht nur einen einzelnen Tropfen ins Auge zu fassen, seine Contour fortwährend mit scharfem Blei zu umfahren, und man erhält schliesslich eine geschlossene Curve als Ausdruck des Weges, den der Tropfen im Gesichtsfeld zurückgelegt hat. Bei diesem Verfahren habe ich Curven bekommen, die Kreise oder Ellipsen mit geringer Excentricität darstellten, oder auch Curven mit einspringender Seite. (Fig. a.) Am 2. und 3. Tag nach der Befruch-

tung bestimmte ich den Durchmesser solcher Bahnen zu 0,6 bis 1,5 mm, die Umlaufszeit zu 3 bis 4 Minuten. In einem Falle z. B. betrug letztere bei einer annähernd kreisförmigen Bahn von 1,5 mm. Durchmesser 3,25 Minuten, was für den Weg im Gesichtsfeld eine Minutengeschwindigkeit von etwas über 1 mm. ergiebt. Mittelst obiger Methode war ich im Stande, auch an betrachteten Forellen Ei Dotterrotation zu constatiren (Fig. b. 4 Tage nach der Befruchtung betrug die Dauer einer Rotation 5½ Minuten). Dagegen vermochte ich beim Lachs-Ei keine Bewegung wahrzunehmen.[*]

Mit der Rotation geht als zweite Erscheinung eine Formveränderung des Dotters Hand in Hand, welche meines Wissens bis jetzt nicht beachtet worden ist. Beobachtet man Eier aus den ersten Entwickelungs-

perioden, so bemerkt man, dass deren Dotter nur bei einzelnen reine Kugelgestalt besitzt, und auch da nur vorübergehend. Die meisten Dotter zeigen Formen unregelmässiger Art, bald keulenförmige Verjüngung der einen Hälfte, bald concave Einziehung einer Seite (Bohnenform), bald endlich einzelne bucklige Vortreibungen von scharfer Umgrenzung. Derselbe Dotter ändert fortwährend seine Gestalt, und zwar ist leicht zu erkennen, dass die Aenderung des Bildes nicht etwa blos aus der Drehung des unregelmässig gestalteten Körpers im Gesichtsfeld herrührt. Es sind wirkliche Formveränderungen, deren Ablauf, obwohl mit einer gewissen Langsamkeit geschehend, doch nach von Auge verfolgbar ist.

Die beschriebenen Aenderungen der Form der Dotterkugeln geben den Schlüssel ihrer Rotation. Die Aenderungen der Form bedingen Aenderungen in der Lage des in Flüssigkeit frei aufgehängten Körpers. Was die Ursache der Formveränderungen des Dotters betrifft, so

[*] Die von Aubert (Zeitschr. f. wissensch. Zool. V, 94) angestellten Messungen am Hechtdotter ergaben für die Dauer einer Rotation:

3½ Stunden nach Betrachtung	3,25 Min.	am 2. Tag	4,25 Min.
4½ „ „	4,85	3. „	4 bis 5 „
Nachts	ca. 5	4. „	9 „

scheint mir bei der unzweifelhaften Flüssigkeit des Dotterinhaltes nur die Rindenschicht in Betracht zu kommen. Indem langsam fortschreitende Contractionswellen in deren Protoplasma sich ausbreiten, müssen jene Einschnürungen und Ausbuchtungen entstehen, welche oben beschrieben worden sind. Inductionsschläge bringen die Rindenschicht zum Bersten. Aehnliche Contractionen wie am Dotter des Aeschen-Eies lassen sich auch an demjenigen des Hecht-Eies constatiren.

Die Eier vom Hecht

sind, wie diejenigen vom Lachs und von der Forelle, bei ihrem Austritt aus dem Körper von kleinen Mengen einer gelblich gefärbten durchsichtigen Flüssigkeit begleitet. Anfangs weich und schlaff, quellen sie im Wasser bald auf zu Kugeln von 2,8 — 3,2 mm. Durchmesser. Zwischen der Kapsel und dem Dotter bildet sich ein wasserhaltiger Raum von 0,1 — 0,2 mm. Breite[1]. Taf. I. Fig. 13.

Die Kapsel, am gesprengten Ei 16—17 μ messend, zeigt ausser der Radiärstreifung eine feine Parallelstreifung. Die Mikropyle, die ich nur am Flächenbild studirt habe, zeigt an diesem mehrere concentrische Zonen. Die innerste, beim Tiefstand des Tubus sichtbar, misst 5 μ, und entspricht dem engsten innern Abschnitte des Kanals; ein zweiter, 6½ μ messender, und bei höherer Tubusstellung sichtbarer Kreis ist wohl als Rand des Zugangstrichters aufzufassen, und überdies weist die in einem Umkreis von 36 μ Durchmesser sichtbare Schrägstellung der Porenkanäle auf das Vorhandensein einer flacheren muldenförmigen Vertiefung hin.

Der Keim, am ungewässerten Ei sehr durchscheinend und in seiner Abgrenzung schwer zu erkennen, charakterisirt sich nach kurzem Aufenthalt im Wasser als eine schwefelgelbe bis braungelbe Scheibe von ca. 1,5 mm. Durchmesser. Mit Hülfe der Camera lucida habe ich mich am, noch unbefruchteten Ei von den Formveränderungen der Scheibe überzeugt, die sich zuweilen flach ausbreitet und dann wieder in einen dicken Klumpen zusammenzieht. Diese Bewegungen zeigen indess einen ausserordentlich langsamen Ablauf.

Die Dotterrinde besteht aus dichtgedrängten durchsichtigen Blasen, von welchen ein Theil nur wasserklaren Inhalt zeigt, während andere mit einem oder mit mehreren Inhaltskörpern (Kernen) versehen sind. Die kernhaltigen Blasen liegen meist gruppenweise beisammen und wechseln mit Gruppen kernloser Elemente, eine Anordnung, welche unter dem Mikroskop schon am unverletzten Ei leicht constatirbar ist.[2] Der Durchmesser der Blasen beträgt 17—45 μ, der der Kerne in der Regel 8—15 μ. Ein Theil der Rindenelemente ist ein- andere sind mehrkernig, wieder andere enthalten statt grösserer Kerne eine Anzahl von Körnern bis zu 1 oder 2 μ Durchmesser herab. Fig. 14. Die Kerne sind ziemlich stark lichtbrechend. Wasser bringt die Rindenelemente zum Quellen, auch die Kerne vergrössern sich und werden körnig getrübt. Behandeln der Eier mit schwacher Lösung von Silbersalpeter und nachheriges Einlegen in Kochsalzlösung färbt die Rindenkörper und besonders intensiv ihren Kern. Die durch Ausreizen der Eier entleerten Elemente erweisen sich als ausserordentlich geschmeidig in ihrer Form. Beim Rollen derselben erkennt man auch, dass die Kerne in ihnen excentrisch gelagert sind. Die Uebereinstimmung der am Hecht-Ei so scharf charakterisirten Rindenelemente mit denen des Hühner-Eies bedarf keiner besonderen Erörterung; ich erlaube mir indess, jetzt schon darauf hinzuweisen, dass sie in meinen Augen auch identisch sind mit den vielbesprochenen Zellen, welche Kupffer in der Umgebung des Keims (laut Beobachtung am Stichling) beschrieben hat.[3]

---

[1] Das mittlere Gewicht eines dem Wasser entnommenen Hecht-Eies bestimmte Prof. Miescher zu 0,0123 Gramm, nicht ganz ½ vom Gewicht eines Lachs-Eies.

[2] Diese Bestandtheile des Hecht-Eies hat Lereboullet gut beschrieben und abgebildet, er nennt sie Globules vitellins composés l. c. p. 461.

[3] Kupffer, Beob. über Entw. d. Knochenfische. M. Schultze's Archiv Bd. IV. 217.

Ein Theil der Rindenkugeln enthält gelb gefärbte Tropfen. Die Menge der gefärbten Tropfen ist im Hecht-Ei keine sehr grosse. Sie häufen sich vorzugsweise in der Umgebung des Keimes an, und bilden, wenn dessen Entwickelung beginnt, eine unter ihm liegende Scheibe, aus welcher auch einzelne in den Keim selbst können hinein bezogen werden. Ziemlich bald scheinen sie aus ihren Zellen frei zu werden, und sie confluiren dann theilweise zu grössern Tropfen. Vereinzelt finden sich farbige Tropfen im gesammten Umfang der Dotterkugel, immerhin an den vom Keime abgerückten Stellen nur sehr sparsam.

Bekannt sind die Rotationen des Hechtdotters innerhalb des Eies[1] Sie treten am lebhaftesten in den ersten zwei Tagen nach der Befruchtung auf, sind indess an den im Wasser liegenden Eiern zu constatiren, auch wenn diese nicht befruchtet worden sind.

Wie beim Aeschendotter, so gehn auch bei denjenigen des Hecht Eies die Rotationen Hand in Hand mit Contractionen der gesammten Kugel. Tiefe Einschnürungen laufen über der Kugel weg, mit einer Geschwindigkeit, welche noch gross genug ist, um vom Auge verfolgt zu werden. Ich habe am Hecht-Ei Gelegenheit gehabt mich zu überzeugen, dass die Rotationen der Dotterkugel von allfälligen Vorgängen im Keime unabhängig sind. Es ist mir nämlich in einzelnen Fällen gelungen, durch mässigen Druck den Keim von der Dotterkugel abzusprengen, ohne letztere zu zerreissen. (S. beistehenden Holzschnitt.) Die unter dem Keim befindliche Schicht

farbiger Tropfen bleibt hierbei an der Dotterkugel hängen. Während nunmehr der Keim ruhig liegen bleibt, fährt der Dotter fort seine Rotationen auszuführen und man sieht Contractionen über seine Oberfläche weglaufen.[2]

Ueber die von Reichert[3] beschriebenen und von ihm mit der Rotation in Beziehung gesetzten radiären Kanäle des Hecht-Eies habe ich mich bereits geäussert, ich habe sie nie finden können. Mit Ausnahme der Rindenschicht ist der Hechtdotter, wie derjenige der Salmoniden-Eier, flüssig, und er liefert beim Erharten dasselbe Bild einer netzförmig durchbrochenen Substanz. Uebrigens ist mir auch mechanisch nicht verständlich, wie die angeblichen Kanäle als Ursache der Rotationen können angesehen werden.

In der Litteratur finden sich verschiedene Angaben über doppelte Eikapseln von Fischeiern; eine bezügliche Zusammenstellung giebt Leydig in seinem Lehrbuch der vergl. Histologie.[4] Unter dem Titel einer zweiten Eikapsel scheint indess Verschiedenartiges, was nicht zusammengehört, mitzugehen. Kölliker in seinen Untersuchungen zur vergleichenden Gewerbslehre, giebt an, dass nach Behandlung mit Reagentien eine äussere resistentere und dünnere Schicht der Kapsel von einer weichern innern sich unterscheiden liess. Vielleicht hat Aubert dasselbe im Auge, wenn er sagt, dass sich die „Dotterhaut" des Hechtes im Wasser in 2 Schichten spaltet, von denen die äussere sehr dünn, die andere dicker sei. Die Möglichkeit indess ist nicht abzuweisen, dass Aubert als zweite Haut die Schicht von intracapsulärer Flüssigkeit angesehen hat, die nach dem Eintritt der Eier in's Wasser sich zwischen Kapsel und Dotter sammelt.

Anders ist die Sache beim Barsch; hier ist in der That die eigentliche Eikapsel von einer

---

[1] Man vergl. hier die eingehende Beschreibung von Aubert in der Zeitschr. f. wissensch. Zool. l. c.

[2] Dieselbe Beobachtung hat schon Leeuwenhoek gemacht; „une circonstance assez singulière que j'ai observé plusieurs fois, c'est la rotation du disque laiteux, séparé de la calotte vitelline dans les œufs gâtés. Ce disque tournait aussi régulièrement que le vitellus des œufs sains." l. c. p. 882.

[3] Joh. Müller's Archiv 1846 l. c.

[4] l. c. p. 535.

dicken durchsichtigen, und im Wasser stark aufquellenden Schicht umgeben, die man als äussere Kapsel bezeichnen kann. Von ihr hat bereits Joh. Müller[*] in seinem bekannten Aufsatze eine einlässliche Beschreibung gegeben. Er hat die Barsch-Eier Ende März untersucht und die Facettirung ihrer äussern Oberfläche wahrgenommen; im Bereich einer jeden Facette liegt nach ihm der trichterförmige Zugang zu einem die Kapsel in radiärer Richtung durchsetzenden korkzieherförmig gewundenen Kanal, letzterer pflegt durch feine Seitenäste mit seinen Nachbaren zu anastomosiren. Durch Druck soll nach Müller öliger Einhalt in die Röhrchen eingetrieben werden können.

Schon Kölliker[*] hat gezeigt, dass die von Joh. Müller beschriebene Bildung, die Gallert-kapsel, wie er sie nennt, eine zweite, accessorische Eikapsel ist, und er hat auf ihre Beziehungen zur Granulosa hingewiesen, deren Zellen mit feinen Fäden in die Gallertkapsel sich verlängern. Ich selbst bin auf das Barsch-Ei, von dem J. Müller nicht mit Unrecht sagt, dass es eines der interessantesten mikroskopischen Objecte sei, leider erst spät aufmerksam geworden, und ich vermag vor Allem über seine frühere Geschichte keine Auskunft zu geben. Im Uebrigen sind meine Untersuchungsergebnisse an reifen Ovarialeiern im Monat April folgende: Der Durchmesser der Eier ohne äussere Kapsel beträgt 1,4 mm., der der eigentlichen Eikapsel am gesprengten Ei 22 μ, derjenige der accessorischen Kapsel im Mittel 0,15 mm. Die die äussere Kapsel durch-setzenden Radiärstreifen bestehen aus einer etwas trüben, durch Osmiumsäure sich färbenden Substanz, und sie hängen zusammen mit konisch gestalteten kern-haltigen Körpern, welche eine zusammenhängende Schicht zwischen der gefäss-führenden Follikelwand und der Aussenfläche der Kapsel bilden. Kölliker hat somit Recht, wenn er diese Schicht als Granulosa (Follikelepithel Köll.) auffasst, und die äussere Kapsel als deren Product bezeichnet. Morphologisch ist die Gallertkapsel des Barsch-Eies etwa dem Zellenkranz zur Seite zu stellen, welcher das Säugethierei bei seinem Austritt aus dem Ovarium zu begleiten pflegt. Was ist nun aber die histologische Bedeutung der äusseren Kapsel? Schon Joh. Müller hat den Vergleich mit Zahnbein, Kölliker denjenigen mit Elfenbein angestellt; jedenfalls ist klar, dass der äussere Habi-tus für eine Bindesubstanz spricht. Bei 12stündigem Kochen mit Wasser löst sich die Gallertkapsel vollständig auf. Die von den ungelösten Eiern abfiltrirte Flüssigkeit ist stark qualisirend und klebrig; nach dem sie genügend eingedickt ist, gelatinirt sie beim Erkalten. Wird sie zum Trocknen eingedampft, hinterlässt sie eine hellbraune Masse, welche in warmem Wasser zu Gallerte aufquillt, ohne sich voll-ständig zu lösen. Die Lösung der Gallertkapseln trübt sich durch Essigsäure; Bleizuckerlösung gibt eine Fällung. Es sind dies Reactionen, die im Gegensatz zum Glutin auf Chondrin hinweisen. Ueber-dies hat mein College Prof. Franz Hoffmann die Güte gehabt, einen Theil der Substanz mit Salzsäure zu kochen und mit der neutralisirten Flüssigkeit die Zuckerprobe anzustellen; er hat dabei positives Resultat erhalten. Wir sind somit berechtigt, die Gallertkapsel des Barsch-Eies ohne Weiteres als Knorpelkapsel zu bezeichnen, und wir erhalten damit ein neues und unerwartetes Glied in der ohnedem schon so reichen Reihe der Eihüllen, ein Glied, das geeignet ist, auf die angebliche Epithel-natur der Granulosa ein bedenkliches Licht zu werfen.

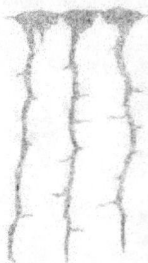

[*] M. Archiv 1854 p. 186 u. f.

II.

Beobachtungen an den Eierstöcken einiger Knochenfische.

Wie in andern Wirbelthierklassen so liegen bei den Fischen in einem und demselben Ovarium Follikel verschiedener Entwickelungsstufen beisammen. Kleine Follikel, von einigen Hundertstel bis ein Zehntel Millimeter messend, finden sich neben solchen von einem oder von mehrern Millimeter Durchmesser. Die gleichzeitig vorhandenen Follikel lassen sich nach Grösse und Ausbildung in verschiedene Stufen scheiden, verbindende Zwischenglieder zwischen den einzelnen Stufen vermisst man indess zeitweise ganz, und man begegnet ihnen nur in gewissen Perioden des Jahres. Unter den gleichzeitig vorhandenen Follikeln wird die oberste Klasse durch diejenige repräsentirt, welche in der nächsten Laichzeit zur Reife gelangen werden. In den Wochen oder Monaten, die der Laichzeit vorangehn, pflegen sie in ziemlich rapider Weise ihre Schlussentwickelung durchzumachen und dabei, ähnlich den Follikeln des Vogelovariums, binnen Kurzem um das Vielfache ihres ursprünglichen Volums zu wachsen. Bevor indess ein Follikel in die Klasse der Abiturienten eingetreten ist, macht er, wie dies aus vergleichender Beobachtung unmittelbar zu entnehmen ist, abwechselnde Phasen der Ruhe, sowie der vor- und der rückschreitenden Entwickelung durch. Zum Studium der Eientwickelung genügt es somit nicht, den einen oder den andern Eierstock herauszunehmen und die von ihm erhältlichen Bilder zu einer Reihe zu combiniren. Möglicherweise sind die sämmtlichen Follikel zur Zeit der Untersuchung im Stillstand, oder ein Theil von ihnen geht voran, andere ruhn, oder es findet selbst vor- und rückschreitende Bewegung gleichzeitig an verschiedenen Follikeln desselben Eierstockes statt. Correcterweise sind für eine gegebene Species vollständige Beobachtungsreihen, einestheils über das ganze Jahr, anderntheils von der Jugend zum geschlechtsreifen Zustand zu verlangen, weil solche allein ein nach den verschiedenen Richtungen erschöpfendes Bild zu gewähren vermögen. Im Plan der nachfolgenden Untersuchung lag es, dies Ziel für einige Species zu erreichen. Da die äussern Verhältnisse mir die endliche Durchführung nicht gestatten, theile ich die vorhandenen Bruchstücke mit, die, wie ich glaube, hinreichend die Nothwendigkeit solcher fortlaufenden Untersuchungen begründen werden.[1]

[1] Für das Fisch-Ei hat Lereboullet versucht, den Bildungsgang in zeitlichen Beobachtungsreihen zu ermitteln. Er untersuchte zu dem Behuf den Eierstock des Hechts von Monat zu Monat; indess theilt Lereboullet seine Beobachtungen nicht in der Form mit, in der er sie angestellt hat, sondern er vereinigt sie zu einer Collectivdarstellung, in welcher er der subjectiven Deutung einen nicht unerheblichen Antheil gestattet. Bemerkenswerth ist es, dass er auch für die kleinen Follikel die Zeit vor der Laichperiode als günstigste Beobachtungsepoche bezeichnet. Die kleinsten Eier, von 25–35 μ messend, sind nach L. kleine Bläschen, in deren Innerem später das Keimbläschen auftritt. Durch weitere endogene

Beobachtungen an den Ovarien einiger Cyprinoiden.

Ba r b e. Meine Untersuchungen fallen in die 2. Hälfte Juni, d. h. nach Ablauf der Laichzeit. Bei kleineren unausgewachsenen Thieren von 21 — 25 cm. Länge constatire ich folgende Verhältnisse: die Ovarien sind verhältnissmässig klein, von 3kantiger Gestalt und von röthlich grauer, gallertartig durchscheinender Beschaffenheit. Jedes derselben umschliesst eine Höhle, gegen welche die Querfalten des Parenchyms vorspringen. Nach Wegnahme des zweiblättrigen Mesovariums lassen sich die Wandungen derselben flach aufklappen.

Die kleinsten Eier messen 50 μ, die grössern bis 250 μ. Wie schon aus dem durchscheinenden Ansehen des Ovariums zu entnehmen ist, sind weder in den einen noch in den andern grössere Mengen von trübenden Einlagerungen. Die grössern Eier von 200—250 μ (Taf. II. Fig. 1 a) enthalten ein, mit zahlreichen granulirten Keimflecken (10 μ) versehenes Keimbläschen, dessen Durchmesser 60 bis 80 μ beträgt. Dasselbe ist von einem gallertartig durchscheinenden Zellenleib umgeben, an welchem eine äussere, 20 — 30 μ breite, absolut durchsichtige Rindenschicht (Zonoidschicht) und eine von spär samen, feinen Körnern durchsetzte und schwach getrübte Innenschicht (Hauptdotter) zu unterscheiden ist. Nach aussen von der Zonoidschicht liegt eine scharf contourirte, mit einigen blassen Kernen versehene Scheide, als einziger Repräsentant einer Follikelwand. Von Zellen epithelialen Charakters ist zwischen jener Scheide und der Zonoidschicht keine Spur zu entdecken. Die Follikelscheide besteht aus sehr dünnen (kaum über 1 μ messenden), blassen und völlig durchsichtigen Platten von 25 — 50 μ Durchmesser. Durch Höllensteinbehandlung überzeugt man sich von der polygonalen Gestalt und endothelartigen Aneinanderfügung derselben (Taf. II. Fig. 2 a). Essigsäure und Carmin lassen in ihnen einen blassen runden Kern von nur 8—10 μ Durchmesser deutlicher hervortreten (Fig. 2 b). Aus denselben Elementen, wie die Follikelscheide, bestehen auch die dünnen Platten des Stromagewebes, welche die Follikel von der Eierstockshöhle, oder von einander scheiden.

An den Eiern mittlern Kalibers (Taf. II. Fig. 1 b, c, d) von 100—150 μ liegen im Innern des Eies Aggregate von hellen Kugeln (Nebendotter) von 15—20 μ Durchmesser, zwischen welche da und dort der Hauptdotter in Form sehr feinkörniger Streifen sich eindringt. Bald bilden diese Kugeln einen Kranz um das Keimbläschen herum, bald bilden sie einen kleinen, dem Keimbläschen einseitig anliegenden Haufen, oder sie sind mit dem Keimbläschen gar nicht in Berührung. Die Endothelscheide dieser Eier mittlerer Grösse verhält sich wie diejenige der grössern.

Die allerkleinsten Eier von 50 — 60 μ (Fig. 1 e u. f) zeigen keine Nebendotter-Elemente; ihr Keimbläschen ist auch frei von Keimflecken, zuweilen liegen zwei oder drei kleinere Eier in einer gemeinsamen Scheide.

Die Anwendung von Reagentien ergibt an den beschriebenen Bildern einige neue Seiten: Wasser trübt die Eisubstanz nicht merklich. Sehr auffallend trübt dagegen die Essigsäure, und sie veranlasst zugleich eine bemerkenswerthe Scheidung der Eibestandtheile. An den grössern Eiern zieht sich die innere Eisubstanz oder der Hauptdotter zu einer trüben Kugel zusammen, und trennt sich durch einen, mehr oder minder breiten hellen Zwischenraum von der Zonoidschicht. Letztere verschmälert sich etwas, wird gleichfalls trüb, erhält ein exquisit radiär streifiges Ansehen, und in der Regel auch

Zeugung bilden sich in diesem die zellenartigen Keimflecke. Weiterhin wird der Dotter körnig, es treten in ihm Fett tröpfchen und Dotterkugeln auf. Letztere sind Anfangs sehr durchsichtig, inhaltslos und durch Alkohol coagulirend; ihre Durchmesser betragen 50—100 μ bis 150 μ. In einem Theile derselben treten dunkel contourirte Inhaltskörper auf, deren Zahl sich rasch durch Theilung mehrt. Diese Inhaltskörper, als Bläschen bezeichnet, sollen frei werden und in ihrem Innern neue endogene Brut erzeugen; späterhin treten dann die gefärbten Fetttropfen hinzu. In Eiern von 1 — 1½ mm. schwindet das Keimbläschen und hinterlässt als Rest einen körnigen Haufen, aus welchem vorzugsweise das plastische Material des Keimes hervorgeht.

eine Anzahl radiär verlaufender Einrisse (Fig. 3). Dabei ist sie aber weich, leicht zerdrückbar, und an ihrer Oberfläche nicht abgegränzt. Durch ihre Lage und Dicke, sowie durch die an ihr auftretende radiäre Streifung giebt sich die Zonoidschicht als Vorläuferin der Eikapsel zu erkennen, von welcher sie zu der Zeit durch ihre viel geringere Festigkeit und Elasticität differirt, sowie durch ihr geringeres Resistenzvermögen gegenüber von Reagentien. An den Eiern mittleren und kleineren Kalibers ist die Abgränzung einer Zonoidschicht vom Dotter auch nach Essigsäurebehandlung weit minder scharf ausgesprochen, als an den grösseren Eiern. Dagegen trüben sich in jenen die Nebendotterkugeln und schrumpfen zusammen. Bei Behandlung mit entfärbter Cyaninlösung färbt sich die Innenmasse des Eies sehr intensiv, die Zonoidschicht nimmt an der Färbung geringen Antheil. Alkohol trübt Zonoidschicht und Dottermasse, im Beginn der Einwirkung tritt die Gränze beider noch deutlich hervor, später nicht mehr.

Die Jahreszeit, die durchsichtige Beschaffenheit der Eierstöcke und ihr geringer Blutreichthum weisen darauf hin, dass die Organe in einer Periode physiologischer Ruhe sich befinden; dafür spricht auch das chemische Verhalten der Eier. Wie bereits erwähnt, tritt durch Wasser keine Trübung, durch Verdauungsflüssigkeit nur eine unvollständige Lösung ein, d. h. es fehlen die im lebensthätigen Zellinhalt sonst stets vorhandenen Globulinkörper, und die Menge der Eiweisskörper überhaupt ist eine verhältnissmässig geringe. An deren Stelle sind die durch Essigsäure sich trübenden Schleimstoffe getreten, ein Ersatz, der ziemlich deutlich dafür spricht, dass eben die Eier dermalen auf Halbsold befindlich, und nicht in lebhaftem Wachsthum begriffen sind.

Ein von dem beschriebenen etwas verschiedenes Verhalten hat die gleichzeitige Untersuchung etwas grösserer Barben von circa 35 cm, Länge ergeben. Die Ovarien 8—9 cm. lang, 7—8 mm. breit, zeigen auch hier eine röthlich-graue Färbung und gallertartiges Ansehen, sie sind indess wesentlich trüber, als die der kleinen Thiere, und enthalten ausser den Eiern von kleinerem und mittlerem Kaliber zahlreiche grössere von 1—1.1 mm Durchmesser. Ueberdies finden sich einzelne Haufen von intensiv orangefarbigen Körpern, die ich für Reste verkümmerter oder zurückgebildeter Follikel aus der abgeschlossenen Laichperiode zu halten geneigt bin.

Die Eier der obersten Stufe (Fig. 4 u. 5) sind von einer dünnen (7 μ messenden) Eikapsel umgeben und, nach Aussen hiervon, von einer weit dünneren mehrfachen Endothelscheide. Von einer Granulosa ist nichts wahrzunehmen. Der Binnenraum des Eies enthält ausserhalb der Kugeln von Nebendotter in einem körnigen Hauptdotter eingesetzt. Letzterer bildet in der Mitte des Eies eine massige Anhäufung, von der aus Fortsätze zwischen den Nebendotterkugeln durch bis zur Kapsel sich erstrecken, um sich hier wiederum zu einer zusammenhängenden Lage zu vereinigen. Nach mehrstündigem Einlegen der Eier in Wasser oder in eine gewässerte Carminlösung, werden die Dotterkugeln unsichtbar, der Hauptdotter dagegen trüb. Letzterer entleerte sich beim Zerdrücken des Eies als ein zusammenhängender Klumpen, von dem aus die peripherischen Fortsätze nach allen Seiten abgehen, durch Querbrücken zu einem rundmaschigen Netz verbindend. Das Keimbläschen vermochte ich im centralen Klumpen andeutungsweise als hellen Fleck, nicht aber als scharf umschriebene Kugel zu erkennen.

Die das Ei grossentheils erfüllenden Nebendotterkugeln (Fig. 5) messen 20—40 μ und enthalten einen mässig stark lichtbrechenden, optisch homogenen Kern von 17—30 μ Durchmesser, der von einer dünnen, gleichfalls homogen aussehenden Substanzschicht umgeben ist. Die Mehrzahl der Kugeln ist einkernig, einzelne indess sind 2 und 3kernig. Bei Wasserzusatz werden die Kerne erst körnig getrübt, dann aber quellen sie rasch auf das 2 bis 3fache ihres Volums, sprengen ihre Hülle und werden in hohem Grade durchsichtig und blass; die umgebende Hauptdottermasse wird von ihnen auseinander getrieben und nimmt sich nun wie ein Netz mit leeren Maschen aus. Vielfach werden die Kugeln, die jetzt sehr weich und schmiegsam sind, aus ihren Fächern herausgetrieben. Kleine Mengen von Chloraledmalösung bringen die gequollenen Kerne wieder zur Verkleinerung und machen ihre Contouren sichtbar. Waren sie in einer gewässerten Carminlösung gequollen, so zeigen die künstlich verkleinerten Kerne rothe Färbung.

Die Eier unter 0,25 mm. sind durchsichtig und zeigen ein von doppelter Contour umfasstes Keimbläschen. Der Gegensatz von Zonoid- und Innenschicht ist wegen der grössern Durchsichtigkeit der letztern schwach ausgeprägt, lässt sich indess zur Anschauung bringen durch Essigsäure, welche sowohl Rinden- als Innensubstanz intensiv trübt. Wasser vermehrt dagegen die Durchsichtigkeit des Eies. Ausser dem Keimbläschen enthielten an den von mir untersuchten Eierstöcken die fraglichen Eier keine körperlichen Einlagerungen.

Das Keimbläschen enthält zahlreiche sog. Keimflecke von 5 bis zu 30 μ; frisch untersucht sehen sie homogen aus. Besonders bemerkenswerth ist, dass unter den grösseren ein Theil von einer Hülle umgeben ist, und sich im Habitus den Nebendotterkugeln der grössern Eier an die Seite stellt. (Fig. 6.) Die der Wand anliegenden Keimflecke zeigen häufig eine einseitig abgeplattete oder spindelförmige Gestalt. Andere haben das Aussehen eines zähen, zerfliessenden Tropfens mit einem oder mehreren abgehenden Fäden. Carmin färbt das Keimbläschen und besonders intensiv die Keimflecke. Das Keimbläschen sowohl als seine Einlagerungen sind sehr weich. Durch schmale Risse der äusseren Schicht und der Scheide drängt es sich allmählig, unter Veränderung seiner Form, durch, und nimmt, aussen angekommen, wieder seine Kugelgestalt an. Dabei sieht man auch die Innengebilde gestreckt werden, und nachher zur ursprünglichen Gestalt zurückkehren.

Zwischen den Eiern unter ¹ und denen über 1 mm. ist zwar keine Uebergangsreihe, wohl aber eine Zwischenstufe vorhanden, repräsentirt durch Eier von ca. ¹⁄₂ mm. (Fig. 7.) Sie haben noch keine selbstständig abgeschiedene Eikapsel. Ihr Keimbläschen ist scharf umgränzt und auffallend arm an Einlagerungen. Der Dotter enthält keine Nebendotterkugeln, wohl aber ist er trüb und von Dotterkörnern verschiedener Grösse durchsetzt. Um das Keimbläschen herum findet sich eine von Körnern völlig freie, helle Zone.

Karpfen. Den Eierstock von Karpfen habe ich zu verschiedenen Zeiten des Jahres untersucht, die folgenden Beobachtungen fallen ausserhalb der Laichzeit, welche nach v. Siebold im Mai stattfindet.

1. 18. Juni 1872. Karpfen von 600 Gramm. Die zwei Ovarien wiegen 27 Gramm oder 4,5 % des Körpergewichts, sind von dunkelgrauem, fleckigem Ansehn. Die Eier sind theils durchsichtig, theils undurchsichtig; durchsichtig die kleineren unter 0,2 mm., undurchsichtig die grossen von 1 - 1,1 mm. Die kleinen durchsichtigen Eier zeigen den Gegensatz von Zonoid- und Innenschicht, innerhalb letzterer auch die helle körnerlose Zone um das Keimbläschen herum, körperliche Einlagerungen fehlen der einen und der andern Zone. Essigsäure bewirkt eine Scheidung der Zonoidschicht, obwohl nicht in so greller Weise als bei der jungen Barbe. Die Eier sind von einer grosszelligen, mit blassen Kernen versehenen Endothelscheide umgeben, von der sie sich nach Essigsäurebehandlung zurückziehen. Die Scheide ist wenigstens stellenweise doppelt geschichtet, wie sich nach Reagenzbehandlung deutlich erkennen lässt.

Die trüben Eier der obersten Stufe besitzen eine dünne Kapsel und eine noch dünnere Follikelscheide. Am ungesprengten Ei messen beide zusammen nur 10 μ, wovon drei Viertheil auf die Eikapsel kommen (Fig. 8 a); am gesprengten Ei misst die Kapsel 15, die Follikelscheide 5 μ.¹) (Fig. 8 b.) Die Kapsel enthält sehr grobe und weit auseinanderstehende Porenkanäle, eine Granulosa an ihrer Aussenfläche vermag ich nicht zu finden. Die Eier sind gedrängt voll von ziemlich stark lichtbrechenden Körpern, von denen die grösseren 12 - 20 μ, die kleineren 3 - 5 μ messen. Frisch mit Jodserum untersucht zeigt ein Theil der grösseren die quadratische oder länglich rechteckige Gestalt der Dotter-

---

¹) Dies Dickerwerden der Kapsel nach Sprengung des Eies tritt, wie ich mich durch öftere Messung überzeugt habe, an Fischeiern allgemein auf, obwohl nicht immer in gleich erheblichem Grade. Es zeigt, dass die Kapsel am unverletzten Ei einer bedeutenden Spannung ausgesetzt ist.

plättchen, andere sind kreisrund, oder oval, wieder andere zeigen Uebergangsformen aus der gerundeten in die eckige (Quadrate und Rechtecke mit ausgebuchteten Seiten und abgestumpften Winkeln, Ovale mit einer oder zwei abgeflachten Seiten u. s. w.), die kleinern Körper sind meist quadratisch. Alle grösseren zeigen eine auf Schichtung hinweisende parallele Streifung (Fig. 9). Von Hüllen um die grössern Körper herum ist nichts zu erkennen. Zusatz von Wasser wandelt alle Körper, mochten sie zuvor eckig sein oder nicht, in blasse, homogene Kugeln um, Carmin färbt einen Theil derselben intensiv, andere nur schwach.

2) 27. November. 1868. Die trüben gelbgrauen Eier von Nadelkopfgrösse enthalten folgende Bestandtheile:

1. grössere Blasen mit klarem Inhalt;
2. ziemlich stark lichtbrechende Kugeln mit einfachem, homogen aussehendem Kern von gleichfalls starker Lichtbrechung;
3. zahlreiche kleinere Kugeln von 5—20 μ ohne Gegensatz von Hülle und Kern;
4. rechteckige und quadratische, von einer Hülle umgebene Dotterplättchen. Dieselben quellen in schwachen Salzlösungen auf, werden blass, kugelig, und in ihrem Innern sieht man kleine Flecke auftreten, dabei hebt sich auch die Hülle stärker von der innern Kugel ab.

Die beschriebenen Elemente sind in einer trüben weichen Substanz eingebettet, welche, beim Zerdrücken des Eies zu Tage tretend, in unregelmässigen Formen sich ausbreitet, und allenthalben von hyalinem Saum umgeben erscheint.[*]

Die kleineren Eier sind durchsichtig (Fig. 10), ihr mit mannigfaltigen Einlagerungen versehenes Keimbläschen giebt sich beim Austritt aus dem gepressten Ei in früher beschriebener Weise als weicher elastischer Körper zu erkennen.

Weder an den grössern noch an den kleinern Eiern begegne ich Spuren einer Granulosa; dagegen finde ich am 8. Januar 1869 die kleineren Eier in ein Hautwerk grosser, sehr durchsichtiger Zellen eingebettet, die zum Theil buckelig in den Saum des Eies vorspringen; ebenso finde ich zu der Zeit blasse Kugeln zwischen der Eikapsel und der Follikelscheide grösserer Eier.

Eine nicht eingehend durchgeführte Untersuchung habe ich noch vom Anfang April. Bei einem Karpfen von 1595 Gramm wiegen die zwei Ovarien 222 Gramm oder ca. 14 %. Die grössern Eier trüb, von gelblich grauem Ansehen, sind gefüllt mit Dotterkugeln und Dotterplättchen. In der Follikelwand körnerreiche Zellen; einzelne dieser Zellen liegen auch zwischen Follikelwand und Eikapsel. Unter der Kapsel und nach aussen vom Nebendotter ist stellenweise eine stark lichtbrechende körnige Protoplasmaschicht vorhanden.

Aehnlich den im Juni untersuchten Karpfen verhält sich in derselben Zeit der Alet (Squalius Cephalus, v. Siebold). Das ziemlich grosse Ovarium trüb und von grauer Färbung, enthält Eier sehr ungleicher Grösse; die grössern 1.6 mm. messend sind trüb, undurchsichtig und enthalten in dünner Kapsel eingeschlossene Massen von Dotterplättchen, theils eckig, theils abgerundet, ohne Hüllen, aber geschichtet; es ist an ihnen keine Granulosa sichtbar. Die kleinern Eier sind durchsichtig ohne besondere Eigenthümlichkeiten.

Von der Nase (Cyprinus [Chondrostoma] Nasus) untersuchte ich Eier Anfangs October, die grössern messen etwas über 1 mm., sind grau und enthalten reichliche Dotterplättchen von 2—25 μ

---

[*] Von den zahlreichen Angaben über Dotterplättchen von Fischen habe ich als mit meinen eigenen Anschauungen conform diejenigen von F. de Filippi hervor (Zeitschr. f. wissensch. Zool. Bd. X. p. 15). Zuerst treten im Ei Bläschen von 8—22 μ auf, die von einer Hülle umgeben sind, zuweilen mehrere in einer Hülle liegend. In Wasser quellen sie auf, durch Schwefelsäure und Zucker färben sie sich roth; die sog. Krystalle bilden sich erst später, und sind auch noch mit einer abhebbaren Hülle versehen. F. nennt sie Plattenzellen, er hält die Plättchen für kerngebilde, welche der Vermehrung fähig sein sollen; Wasser bringt die Hüllen zum Schwinden. In altern Plättchen tritt schichtenweise Zerklüftung ein.

Durchmesser, ohne Hüllen. Die wenigsten haben eckige Contouren, meist sind ihre Ecken abgerundet, und es finden sich alle Uebergänge von rechteckigen zu kreisrunden Formen. In der Seitenansicht erscheinen die Plättchen meist als oblonge Rechtecke. Zusatz von Salzsäure 1% bringt die Plättchen zum Quellen und zwar bläht sich zuerst die Flachseite auf, die wie aus einem Rahmen heraustritt. Später wird das ganze Gebilde kuglig und sehr blass (Fig. 11).

Die bis dahin besprochenen Fische laichen im Frühjahr (April und Mai) und ich habe die Untersuchung ihrer Eierstöcke in Zeiten vorgenommen, welche der Laichzeit mehr oder weniger lange nachfolgten. Für die Periode, die der Laichzeit vorangeht, stehen mir Untersuchungen zu Gebot über die Ovarien der Schleihe, des Salmens, der Forelle und des Hechts.

Schleihe. Die Laichzeit soll sich nach Aussage der Fischer durch den ganzen Sommer erstrecken, womit auch die Angaben v. Siebold's übereinstimmen, welcher die Monate Mai und Juni bis August bezeichnet. Meine Untersuchungen fallen in die zweite Hälfte Juni und in die erste Juli. Die Ovarien sind im Verhältniss zum Körper nur mässig gross; bei einem Thiere z. B. von 236 Gramm bestimmte ich sie zusammen auf 6,5 Gramm oder gegen 3% des Körpergewichts. Sie sind von dunkler röthlichgrauer Färbung, gallertartig durchscheinend, mässig trüb. Die grössern Eier messen 0,45 bis 0,5 mm., die kleineren 0,1 bis 0,2 mm.; das Eierstocksgewebe ist sehr blutreich, und zwar sind nicht sowohl starke Arterien und Venen, als vielmehr reichliche und mächtig ausgedehnte Capillaren vorhanden, deren Durchmesser zu grössern Follikeln bis zu 40 μ ansteigt; das Gewebe enthält ferner hier und da schwarzes Pigment in formlosen Körnern.

Die grössern Eier (Taf. II. Fig. 12) sind von einer, nur wenig Mikromillimeter dicken Eikapsel, und nach aussen davon von einer, um das mehrfache dickeren Follikelscheide umgeben, die zum Theil aus geschichteten Endothelplatten, zum Theil indess auch aus wirklich faserigem Bindegewebe besteht. In dieser Scheide verbreiten sich die Capillaren, ihrerseits stösst sie, theils unmittelbar an die Endothelialscheiden kleinerer Eier, theils an weite Lymphräume. Das Keimbläschen ist auch in den grössern Eiern sichtbar und misst bis zu 170 μ, es enthält grössere homogene Keimflecke, die zum Theil der Wand des Keimbläschens flach anliegen. Die Hauptdottersubstanz sieht hyalin aus, und enthält in gewissen Abständen zerstreut einkernige Nebendotterzellen, von 15—25 μ messend, mit Kernen von 8—15 μ, daneben auch einzelne grössere Dotterkörner. Beim Zerdrücken des Eies treten die Nebendotterzellen aus und schwimmen einzeln in der Flüssigkeit umher. Wasser bringt sie und ihre Kerne zum starken Quellen, Essigsäure trübt sie.

Die kleineren Eier sind nur von Endothelscheiden umkleidet, welche übrigens häufig doppelt sind (Fig. 15). Dieselben stossen zum Theil an Lymphräume, zum Theil an die Wandungen benachbarter Follikel. Die Eier sind durchsichtig, ihr Keimbläschen mit homogen aussehenden Keimflecken sehr ungleicher Grösse versehen (5—20 μ). Wasserzusatz bringt die Endothelzellen zum Aufquellen, wobei sie theilweise als blasse Kugeln backlig in das Innere des Eies vorspringen (Taf. II. Fig. 13 a). Auch im Innern der Eier treten nach der Wasserbehandlung einzelne blasse Kugeln zu Tage, und zwar in verschiedenen Tiefen bis zum Keimbläschen hin. Die innere Dottermasse wird durch Wasser schwach getrübt. Essigsäure trübt die Eier stark und macht sie schrumpfen, wobei ihre Innensubstanz unregelmässig zu zerklüften pflegt. Eine radiär streifige Kapselschicht wird durch Essigsäurebehandlung zwar sichtbar, indess nicht in der scharfen Ausprägung, wie dies früher von der Barbe beschrieben wurde. Einige Zeit post mortem sieht man dieselbe wohl auch spontan hervortreten (Fig. 14). Dieselbe nimmt häufig nur einen Theil der Eioberfläche ein.

Die wichtigsten Eigenthümlichkeiten, wodurch die in Rede stehenden Ovarien vor den früher besprochenen sich auszeichnen, beziehen sich auf Dinge, die ausserhalb der eigentlichen Eier zu finden sind. Schon oben wurde des grossen Gefässreichthums der Ovarien und der besondern Weite ihrer Capillaren gedacht. Ferner fällt in der Regel für das blosse Auge ein geflecktes Aussehen auf, herrührend von Nestern eiterfarbiger Substanz, welche entweder einzelne grosse Follikel umhüllen, oder regellos im Gewebe zerstreut sind. Die mikroskopische Betrachtung ergibt, dass diese Flecke von Anhäufungen farbloser Zellen herrühren, welche das Gewebe auf das reichlichste durchsetzen, theils in unmittelbarer Nähe der Blutgefässe sich anhäufend, theils in Lymphräumen oder in der Wand der Follikel liegend. Auch der Inhalt der Capillaren erweist sich unverhältnissmässig reich an Leukocyten, so dass man stellenweise Capillaren begegnet, in denen sie das Uebergewicht über die farbigen Zellen haben. In manchen Eierstöcken tragen die im Gewebe auftretenden Zellen die gewöhnlichen Charaktere von farblosen Blut- oder von Eiterzellen, in andern dagegen sind sie etwas grösser und mit groben Körnern vom Charakter von Dotterkörnern erfüllt, den Kornzellen anderer Wirbelthierovarien sich an die Seite reihend. In dem einen wie in dem andern Fall haben sie die Eigenschaft amöboider Beweglichkeit.

An den Follikeln kleineren Calibers sieht man die Leukocyten bald in kleinen bald in grössern Mengen der Endothelscheide anliegen und die anstehenden Lymphräume erfüllen (Taf. III. Fig. 16). Für einen Theil der den Scheiden anliegenden Zellen lässt sich effective Weiterschiebung constatiren, andere dagegen wurzeln an einer bestimmten Stelle der Scheide fest und führen von diesem Standorte ihre Bewegungen aus. Taf. III. Fig. 17 habe ich ein kleines, nur 70 u messendes, und, soweit erkennbar, scheidenloses Ei gezeichnet, an dessen Aussenfläche mehrere Leukocyten liegen. Fig. 18 zeigt dasselbe Präparat eine halbe Stunde später; die Zellen a und b sind zusammengerückt, oder wohl richtiger, es ist Zelle a zu der abgeplatteten (vielleicht im Uebergang zur Endothelplatte begriffenen?) Zelle b gerückt; c liegt dem Ei flach an und d, an dem innliegenden groben Korne kenntlich, treibt einen keilartigen Vorsprung gegen das Ei vor, wogegen e entweder von dem Ei abgerückt, oder unter ihm versteckt ist. Wie man aus der Zeichnung ersieht, haben übrigens nicht blos die Leukocyten ihre Form geändert, sondern das Ei selbst hat an seiner Oberfläche bucklige Fortsätze vorgetrieben. Diese Formveränderungen, die ich an kleinern Eiern vielfach beobachtet habe, kann ich nicht umhin als vitale aufzufassen. Über die Bedeutung aber, die ihnen in Hinsicht der Eientwickelung im Eierstock zukommt, muss ich mir vorerst die Acten offen behalten. Ein Gefressenwerden der Leukocyten durch Eier, wie es nach Fig. 18 d nicht unwahrscheinlich erscheint, vermochte ich bis jetzt nicht zu verfolgen, obwohl ich dem gezeichneten ähnlichen, ja noch prägnanteren Bildern wiederholt begegnet bin.

Von noch grösserem Interesse als das Herumkriechen von Leukocyten an Eiern, ist ihr Verhalten bei festem Standorte. Solche festhaftende Zellen führen, wenn sie unter den geeigneten Cautelen beobachtet werden, schon bei gewöhnlicher Temperatur während Stunden die allerlebhaftesten Bewegungen aus. Bald sendet eine Zelle einen einzigen langern Ausläufer aus, mit dem sie wie mit einem Rüssel in der Umgebung hin und her tastet, bald zieht sie sich zu einem flachen Klumpen zusammen, erhebt sich dann wieder zu einem kentenförmig vom Ei abstehenden Gebilde, treibt zwei, drei an der Basis eingeschnürte kurze, oder lange fadenartige Ausläufer u. s. w. Fig. 19 zeigt eine Reihenfolge von Formen, die eine solche Zelle im Laufe von zwei Stunden besessen hat. Die wichtigste Frage ist natürlich die, ob eine solche Zelle schliesslich in's Ei selbst sich einbohrt, und hier zur Nebendotterzelle wird. Nach meiner Ueberzeugung findet dies Einbohren allerdings statt, zwar kaum bei allen, wohl aber bei einem Theil der Zellen; die tadellose Beobachtung des Vorganges habe ich indess bis jetzt nicht durchzuführen vermocht. Abgesehen von der bekannten Permeabilität von Endothelhäuten für farblose Zellen, ist der Umstand anzuführen, dass die Zellen stundenlang an derselben Stelle der Follikelscheide festhaften, und trotz aller sonstigen Beweglichkeit dieselbe nicht verlassen; dies zeigt jedenfalls, dass sie mit der Wand eine festere Verbindung müssen eingegangen sein. Auch ist gerade in dem Fig. 19 gezeichneten Falle ein allmälig immer grösser werdender Abschnitt der farblosen Zellen nach Innen von der Scheidencontour gerückt. Wenn ich auch alle Cautelen mit der Focusstellung beobachtet habe, so gebe ich doch gern zu, dass die Möglichkeit der Täuschung zu nahe liegt, um aus einer derartigen Beobachtung einen entscheidenden Schluss zu ziehen. Völlig stringent wäre die Beobachtung dann geworden, wenn es mir geglückt wäre, das allmählige Verschwinden der äussern Zelle zu verfolgen, was mir weder in jener, durch die hereinbrechende Nacht abgeschnittenen Beobachtungsreihe, noch in einer spätern gelungen ist. Unzweifelhaft gehört immer ein günstiger Zufall dazu, eine solche Beobachtung zu Ende zu führen: denn das langsame Wachsthum der kleinen Eier und die geringe Zahl der in ihnen auffindbaren Nebendotterkugeln zeigt, dass ein Eintritt von Zellen jedenfalls nur in grössern Zeitintervallen erfolgen kann.

Etwas complicirter als für die kleinern gestaltet sich die Sache für die grössern Follikel, bei denen das Ei nicht mehr von einer blossen Endothelscheide, sondern von einer dickeren gefässhaltigen Membran und von einer eigentlichen Eikapsel umhüllt ist. Hier begegnet man vorerst farblosen Zellen in der Dicke der Membran und an deren dem Lymphraum zugekehrten Seite. (Fig. 20, Fig. 21 und Fig. 22.) Letztere erscheint oft wie bespickt mit Zellen, die theils zur Hälfte in der Wand, zur Hälfte im Lymphraum stecken, theils aber nur mit einem Fusspunkt der Wand anhaften und im Uebrigen frei in den Lymphraum vortreten. Auch diese Zellen führen die mannigfachsten Bewegungen aus, schütteln sich auf ihrer Basis hin und her, ändern fortwährend die Zahl und die Gestalt ihrer Ausläufer, legen sich dann wieder der Follikelwand flach an u. s. w.

Ein Theil der grössern Follikel, diejenigen nämlich, welche auch dem unbewaffneten Auge trüb erscheinen, enthalten massenhafte Anhäufungen von Leukocyten zwischen der Follikelscheide und der Eikapsel. Dass es sich hier um Leukocyten und nicht etwa um ächte Epithelzellen handle, ist leicht zu constatiren: die Zellen haben alle Charactere der im Gewebe und in den Lymphräumen auftretenden, sie sind reich an groben Körnern, wenn diese es sind (Fig. 23), fliessen in ihrem Spaltraum hin und her, wenn der Follikel gedrückt wird, und ergiessen sich wie Eiter nach Aussen, wenn er gesprengt wird. Stellenweise liegen sie in dickern, an andern Orten desselben Follikels in dünnern Schichten beisammen. Einige Stunden nach dem Tode bin ich auch Bildern wie den von Figur 24 begegnet, wo ein breiterer leerer Raum zwischen Follikelwand und Eikapsel vorhanden und von feinen fadenförmigen Fortsätzen der Zellen durchsetzt war, ein Beweis für das beiderseitige Festhalten des zähen Zellkörpers. Ebenso bin ich in dieser Schicht einzelnen blassen Kugeln begegnet, kernlosen Nebendotterkugeln gleich scheind. In den Follikeln, in welchen die intrafolliculäre Eiterschicht fehlt, habe ich keine Granulosa aufzufinden vermocht.

Ich erwähne endlich eines Bildes, das man versucht sein könnte als Ergänzung der bisher besprochenen anzusehen. Bei einem Schleihenovarium vom Anfang Juli fand ich 8 Stunden post mortem den Dotter von der Eikapsel zurückgezogen, und im Zwischenraum glänzende Zapfen und Vorsprünge, die zum Theil dem Dotter, zum Theil der Kapsel mit ihrer Basis aufsassen. Die Deutung dieses Bildes muss ich ausstellen. Die Möglichkeit, dass die Grundlagen jener Zapfenkörper ins Ei gedrungene, von Dotter umhüllte Leukocyten sind, ist an und für sich nicht abzuweisen, allein ich vermag sie auch in keiner Weise sicher zu begründen.

Eierstock und Eientwickelung des Salmen.

Das Salmen-Ei und seine Entwickelung bildeten den ursprünglichen Ausgangspunkt meiner Arbeit, und Dank dem freundlichen Entgegenkommen des Herrn Fr. Glaser, wurde es mir auch während der Jahre 1870—72 möglich, ein recht schätzbares Material zu sammeln. Immerhin sind meine Reihen noch unvollständig und die Untersuchungen nur zum Theil an frischen, zum Theil an erhärteten Objecten ausgeführt. Eine nicht unwesentliche Lücke ist für einen Binnenländer überhaupt

schwer ausfüllbar, nämlich die Feststellung des Verhaltens des Eierstocks der Salmen in der Zeit zwischen der Rückkehr in's Meer und ihrem Wiederaufsteigen in die Flüsse. Beispielsweise ist es denkbar, dass in der Zeit auch das Salmenovarium Dotterplättchen enthält, die man bei den in den Flüssen gefangenen Thieren völlig vermisst.

Die Zeit, in welcher die aufsteigenden Salmen im Rhein bei Basel vorzugsweise erscheinen, umfasst die Monate Mai und Juni. Sie sind alsdann von stahlblauer Färbung, haben gelbrothes Fleisch und zeigen durchweg grossen Fettreichthum. Die Bauchwand neben der Mittellinie ist alsdann bei kräftigen Thieren über fingersdick. Ausser in der Muskulatur macht sich der Fettreichthum besonders in der Unterleibshöhle bemerkbar. Das Gekröse und die Umgebung der Blinddärme bilden dicke Polster. Die Geschlechtsorgane sind in der Zeit noch unvollkommen entwickelt, die Hoden ohne Samen, die Ovarien zwar gelbroth gefärbt, aber von mässigen Dimensionen, nur etwa $\frac{1}{20}-\frac{1}{10}$ von dem Gewicht erreichend, das ihnen im reifen Zustand zukommt; der Durchmesser der grösseren Follikel beträgt Anfangs nur 1–2 mm. Während der nachstfolgenden Monate verweilen nunmehr die Thiere im Fluss, nach Aussage der Fischer an ruhigen Orten und in der Tiefe versteckt. Wie dies der leere Magen bezeugt, so nehmen sie während der Dauer ihres Aufenthalts im Süsswasser keine Nahrung zu sich. Sie magern daher in eben dem Maasse ab, als ihre Sexualorgane sich entwickeln, ihr Fleisch und ihre Eingeweide werden blass und fettarm. Bei herannahender Laichzeit erscheint die Bauchwand neben der Mittellinie sehr dünn, ebenso sind Magen und Gedärme dünnwandig; die Leber welk und blutarm[1]. Dafür ist nun die Haut mit einer dicken Epidermisschwarte überzogen, braungefärbt, mit stark ausgesprochenen rothen Flecken. Die Laichzeit beginnt etwa mit der zweiten Woche November, erreicht im weitern Verlauf des Monats ihren Höhepunkt, und endigt um die Mitte Dezember herum, wobei die Männchen etwas früher erscheinen und sich verlieren als die Weibchen. Nach Ausstossung der Eier ist der Eierstock zu einem blassen Körper geworden, an dem die Blätter schlaff herabhängen, stets enthält er auch einzelne fettig zurückgebildete, durch ihre hochorangerothe Färbung auffallende Eier. Das Gewicht des Organes ist bedeutender als beim Frühjahrs-Salmen und beträgt etwa noch den zehnten Theil des Vollgewichts. Dies kommt indess nicht auf Rechnung der Follikel, denn von diesen messen die grössern nur $\frac{1}{3}$ bis höchstens $\frac{1}{2}$ mm.

Der aufsteigende Fisch mit fettem rothem Fleisch wird bei uns als Salmen bezeichnet, das in der Laichzeit gefangene magere Thier nennt man Lachs.[2] Lachs- und Salmenfleisch stehen natürlich sehr ungleich im Marktpreis. Ersteres gilt kaum die Hälfte von letzterem. Während der Laichzeit und in den bis zum Frühling folgenden Monaten erscheinen vereinzelte Salmen mit fettem Körper und rothem Fleisch, von den Fischern als Winter-Salmen bezeichnet und ihrer grössern Seltenheit halber sehr hoch gewerthet. Es sind sowohl männliche als weibliche Thiere, erstere indess sparsamer als

[1] Magen und Gedärme wogen

bei einem Winter-Salmen	20. Nov. 1870	144 Gramm
	28. Nov.	182
	14. Dez.	133
bei einem Lachs	20. Nov.	34
	14. Dez.	29

Nach den Angaben von Hrn. Glaser wiegt ein Lachs (vor dem Ablaichen) ca. 20% weniger als ein gleich langer Salmen.

So auffallend es erscheint, dass bei diesem und wahrscheinlich auch noch bei andern Fischen die Zeit der mächtigen Sexualproduction durch eine Periode des Fastens eingeleitet wird, so ist das Factum nicht isolirt. Wir können daran erinnern, dass auch bei einem Theil der Batrachier die Brunstzeit unmittelbar auf die Winterruhe folgt, und vor allem ist des Verhältnisses der Insecten mit Verwandlung zu gedenken, bei denen die Sexualentwickelung im Puppenzustand sich endiget.

[2] Anderwärts ist, wie aus v. Siebold's Angaben hervorgeht, die umgekehrte Bezeichnungsweise gebräuchlich.

letztere. Von competenter Seite ist der Verdacht ausgesprochen worden, es handle sich hierbei um sterile Thiere, wie solche auch unter den Karpfen und den Forellen[1]) nicht selten beobachtet werden. Dafür spricht indess der Befund der Sexualorgane nicht. Ich habe Gelegenheit gehabt, sowohl Hoden als Eierstöcke von sog. Winter-Salmen zu untersuchen, und habe jeweilen die Sexualorgane zwar unreif, aber in unzweifelhaft progressiver Entwickelung vorgefunden. Die Thiere, deren Organe mir durch die Hände gegangen sind, kann ich nur für theils vorzeitige, theils verspätete Ankömmlinge halten, deren Entwickelung eben wegen des unzeitigen Einwanderns nicht mit derjenigen der übrigen aus dem Meer heraufgestiegenen Thiere Schritt gehalten hat.[2])

Im Zustande der Reife erlangen die Ovarien eine enorme Mächtigkeit und können zusammen ein Gewicht von 3—5 Pfund erreichen.[3]) Ihre Masse beträgt alsdann 20 % und darüber der gesammten Körpermasse, und es wird verständlich, wie zur Beschaffung eines solchen Stoffvorrathes beim hungernden Thier derjenige der übrigen Organe und vor Allem der der Muskeln energisch muss angegriffen werden.

Das Ovarium des Salmen hat die Gestalt einer langgestreckten Keule (Taf. IV. Fig. 26). Das vordere Ende ist abgerundet, das hintere verjüngt, letzteres schliesst sich mit seiner Spitze an ein von Peritonäum bekleidetes Band an, welches die Bedeutung eines verkümmerten Eileiters hat.[4]) Die peritoneale Scheide des Eierstocks ist der ganzen Länge nach von einem Schlitz durchzogen, sie bildet somit eine offene Hohlrinne, innerhalb welcher das Parenchym in vielfach gefalteter Lage sich ausbreitet. Dieses nämlich bekleidet die Wand der Rinne, und es spannt sich überdies in zahlreichen (40—50) Blättern quer von einer Wand zur andern. Der mit der Bauchhöhle communicirende Binnenraum des Eierstocks besteht daher aus 40—50 flachen Spalten, deren jede ringsumher mit follikeltragendem Parenchym ausgekleidet ist (Tafel IV. Figur 27). Jede Querfalte reproducirt darin die Anordnung eines einfach gebauten Eierstockes, dass sie in ihrem Innern eine gefässführende fibröse Platte einschliesst, um welche das Parenchym beiderseits sich herumlegt. Allerdings ist diese Gefässplatte im Verhältniss zum Parenchym sehr dünn, wie denn überhaupt das Stromagewebe des Fischeierstockes eine verhältnissmässig schwache Entwickelung zeigt.

[1]) v. Siebold, Die Fische Mittel-Europa's. p. 89 u. 323.

[2]) Ich habe von Herrn Glaser 3 mal Hoden sogenannter Winter-Salmen erhalten:

No. 1 am 6. April 1870 waren 160 mm. lang, 11 mm. breit u. 3½ mm. dick, wogen zusammen auf 7.5 Gr.
No. 2 „ 26. Novbr. 1870 „ 320 mm. „ 50 mm. „ 23 mm. „ „ „ 227 „
No. 3 „ 14. Dezbr. 1870 . . . . 132 „

In letzterem war keine Spur von Samenelementen. Erstere enthielten beide Samen in Bildung. Es liess sich spärsam Flüssigkeit vom Schnitt abstreifen, welche ausgebildete Spermatozoenköpfe noch in Zellen eingeschlossen zeigte. Der Schwanzfaden trat frei aus den Zellen hervor. Während No. 1 als ein vorzeitiger Ankömmling aufgefasst werden, sind No. 2 und 3 sicherlich nur als solche Thiere anzusehen, die in ihrer Entwickelung verspätet waren. Beide trugen übrigens exquisit den Salmenhabitus. Das Hodengewicht war bei beiden ein für den unreifen Zustand beträchtliches. Die Hoden zweier Sommer-Salmen vom 20. Juni waren 210 mm. lang, 15 mm. breit, 7 mm. dick, Gewicht zusammen 23 Gr.
„ 24. „ 220 mm. „ 11 mm. „ 7 mm. „ „ „ 18.5 „
Von einem laichfähigen Lachs erhielt ich die Hoden am 17. Novbr. 1871 waren 330 mm. lang, 40 mm. breit, 15 mm. dick und wogen zusammen 217 Gramm. Beim Anschneiden reifer Hoden quillt der Samen als dicke rahmige Flüssigkeit reichlich über die Schnittfläche hervor.

In die Categorie früher Ankömmlinge gehören die 4 weiblichen Thiere, deren Ovarien mir als Winter-Salmen im März 1870 übergeben worden sind. Wie die Tabelle ergiebt, so ordnen sie sich in die normalen Entwickelungsreihe sowohl in Hinsicht des Gewichts, als der Follikelgrösse völlig naturgemäss ein.

[3]) Ein Ovarialgewicht von 2500 Gramm repräsentirt die Zahl von ca. 20,000 reifen Eiern.

[4]) Hierüber vergleiche man auch Rathke, Ueber den Darmkanal und die Zeugungsorgane der Fische. Halle 1824. p. 159.

His. Knochenfische. 4

Die Längsspalte liegt an der lateralen Seite des Eierstocks und stösst an die eine, der Schwimmblase angeheftete Platte des Mesovarium. An der Stelle einer zweiten zur Bauchwand tretenden Platte, wie sie bei einem grossen Theil der Fische mit geschlossener Eierstockshöhle sich findet, ist nur ein scharf abgeschnittener Rand des peritonealen Ueberzuges vorhanden, der den äussern Saum des Eierstockschlitzes bezeichnet. Ventralwärts von der Mesovarialplatte und in geringem Abstand davon verlaufen vom vordern Ende des Eierstocks bis zum hinteren eine Längsarterie und eine Längs-

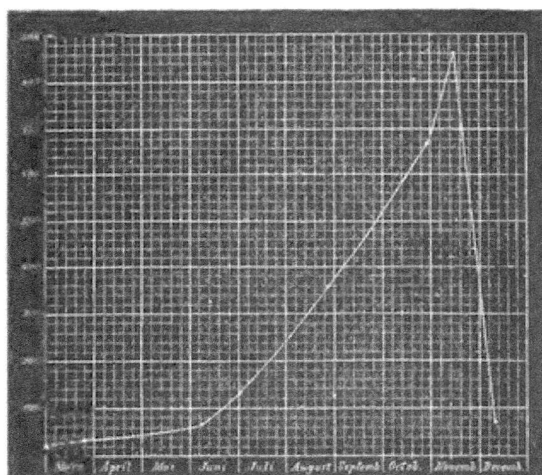

vene. Von ihnen gehen in Abständen von 1—1½ cm. quere Stämmchen ab, welche meist nach auswärts sich wenden und theilweise um den lateralen Rand des Organes herumlaufen. Unter öfterer dichotomischer Spaltung speisen sie die einzelnen Blätter des Eierstocks. Die Mächtigkeit dieser Gefässe ist selbst zur Zeit der Eibildung und Eiausstossung verhältnissmässig gering, obwohl zu der Zeit das Organ blutreich und seine weiten Capillaren mächtig ausgedehnt sind.[1] Die Arterien und ihre Verzweigungen besitzen eine mässige Ringmuskelschicht und eine sehr kräftige Adventitia von Längsmuskeln, ein Verhalten, das ihnen mit den Eierstocksarterien in andern Wirbelthierklassen gemein ist. Die Venen dagegen besitzen nur dünne Wandungen. In der Hülle des Ovariums verlaufen Muskelbündel meist longitudinaler

[1] An einem Canadapräparat eines Ovariums vom 1. März (Gew. 2) Grm.) bestimmte ich

das Lumen der Längsarterie . . . 0,12 mm.
die Dicke der Ringmuscularis . . . 0,03
„ „ „ Längsmuscularis . . 0,11
die Gesammtbreite der Arterie . . 0,4 mm.
die der Vene 0,6
die Wanddicke der letzteren beträgt kaum 0,03 mm.

An einem frischen Ovarium vom 29. Juni 1872 (Gewicht 158 Grm.) betrug an der Arterie

die Dicke der Muskelwand . . . 0,22 mm.
das Lumen 0,4
die Gesammtbreite der Arterie . . 0,8 mm.
die der Vene . . . . 2.

An einem frischen Ovarium vom 8. October mass (bei einem Gewicht von 654 Gramm.)

die Arterie . . . . . . 1 mm. wovon
das Lumen . . . . . . ¼,
die Vene . . . . . . 2 mm.

Dass unter diesen Umständen die capillare Strömung eine eminent langsame sein muss, bedarf keiner besonderen Auseinandersetzung.

Richtung, wovon die stärksten in der Nähe der Hauptgefässe liegen. Da auch sie kleine Gefässe (meistens mehrere Parallelstämmchen) einschliessen, so sind wohl auch sie ihrem Ursprung nach als Gefässadventitien aufzufassen. Ebenso sind die Muskelzüge, denen man im Stroma selbst begegnet, den Arterien zugetheilt.

Wenn es sich nun darum handelt, die Geschichte der Follikel zu geben, so stossen wir auf die allgemeine Schwierigkeit der Anstellung richtiger Entwickelungsreihen mittelst der blossen Beobachtung. Für die Abiturienten zwar ist die Sachlage ziemlich klar, diese wachsen vom Beginn des Frühlings an stätig bis zum Spätherbst hin und zwar, ähnlich wie die Follikel des Hühnereierstockes, erst langsam und dann rascher;[1] allerdings vertheilt sich dort auf Monate, was hier nur auf den Lauf weniger Tage zusammengedrängt ist. Die nachstehende Tabelle giebt die Grösse und Gewichtsbestimmung einer Anzahl von Salmenovarien. Beistehender Wachsthums-Curve habe ich die aus der Tabelle entnommenen Mittelwerthe zu Grunde gelegt, nämlich für ein Ovarium:

vom 1. März	. . .	20 Gramm,
23. „	. . . .	38 „
4. Juni	. . .	61 „
29. „	. . .	113 „
30. August	. .	125 „
29. October	. . .	675 „
18. November	. .	871 „
14. Dezember		75 „

[1] Vergl. meine Untersuchungen über Entwickelung des Hühnchens p. 25. Zur Ergänzung früherer Mittheilungen setze ich noch die Messungen und Wägungen von den Follikeln dreier Hühner-Ovarien bei:

			Gr. Achse.	Kl. Achse.	Gewicht.	
A. 4. Mai 1871	Dotter- gelbe Eier	1 2 3 4 5	33 mm. 30 25 19 12.5	27.5 mm. 25 21.5 16.5 10.5	Zusammen 31.8 Gr.	Gesammtgewicht des Eierstocks 39.5 Gramm. Ausser den 5 Eiern über 10 mm. waren 13 über 5 mm., 7 über 4 mm. und ca. 20 zwischen 2 und 4 mm. vorhanden, zusammen 38 über 2 mm.
	Uebrige Eier und Rest des Eierstocks				7.5	
B. 24. April 1871	Dotter- gelb etwas blasser eiterfar- big durch- scheinend	1 2 3 4 5 6 7 8	32 27 22.5 17 11 7 7 5.5	27 24 14.5 15 9.5 6 5 5	11.60 Gr. 8.23 4.25 2.60 0.56 0.171 0.148 0.100 27.05	Gesammtgewicht des Eierstocks 31.20 Gramm. Ausser den 8 Follikeln über 5 mm. sind 10 vorhanden zwischen 4 und 5 und 18 zwischen 2½ und 4 mm. Zusammen 36 über 2½ mm.
	Uebrige Eier und Rest des Eierstocks				4.15	
C. 29. April 1871	Dotter- gelb Strohgelb	1 2 3 4 5 6	34 34 27 24 14.5 9.5	31 27.5 25 18 13 8	15.5 Gr. 12.2 7.5 5.3 2.4 0.27 40.87	Gesammtgewicht des Eierstocks 47.50 Gramm. Ausser den 6 Eiern über 9.5 mm. sind 7 von 5 à 6, 10 von 4 à 5, 15 von 3 à 4 mm. Diese 32 Eier wiegen zusammen 0.76 Gr.
	Uebrige Eier und Rest des Eierstocks				6.63	

1*

Der Augustwerth würde einen flachen Gang der Curve von Ende Juni bis August und dann sehr steiles Steigen ergeben. Da es sich indess nur um englische Lachse handelt, habe ich ihn ausgelassen.

	Datum	Dimensionen des Eierstocks.			Durchmesser der grössern Eier.	Gewicht		Gewicht des Thieres.	% des Körpergewichts	
		Länge.	Breite.	Dicke.		eines Eierstocks	beider		eines Eierstocks	beider
I.	1. März 1870	125 mm	28 mm	12 mm	11 mm	24½ Gr.	49 Gr.	7200 Gr.	0.3	0.5
		105	28	15		18.5			0.25	
II.	12 März	140	25	13	14	16		7500	0.21	
III.	21.	170	25	14		25.2		11000	0.23	
IV.	25.	180	40	14	20	41.5		11000	0.37	
		260	35	15	25	79	141	9000	0.88	1.6
V.	1. Juni 1872	210	44	12	—	65			0.72	
		220	44	15	25	60	174	14000	1	1.2
VI.	1. Juni	200	42	14		54			0.71	
VII.	20. Juni	195	45	15		51				
VIII.	22. Juni	260	45	17		104				
		210	50	15		74.5	162.5			
IX.	19 Juni	220	50	14		90			—	
X.	20. Juni	270	55	20		158	über 300	9000	1.75	
		unvollst. fehlt d. untere Hälfte.				130				
XI.	21. Juni	260	55	20		119	312	10500	1.12	2.97
		280	50	18		163			1.55	
XII.	28. Juni	210	50	14		94	186	8000	1.18	2.33
		230	45	15	30	92			1.15	
XIII.	1. Juli	200	50	18	45	148		9000	1.61	—
						118			2.1	
XIV.	30. August	190	42			132	250	5600	2.4	1.5
						119	unvoll-		2.7	
XV.	30. August	210	42		—	100	ständig	7000		
XVI.	8. October	700	95	60		675		10000	6.75	
XVII.	20. Oct. 1870	570	88	37		720		7000	10.3	
XVIII.		550	105	35	bis braun.	630		6500	9.7	
XIX.	18. Nov.	420	130	60		1110		10000	11.1	
XX.			90	50		652		6500	9.72	
XXI.	26. Nov. 1870	200	25	5.2		62			—	
XXII.	11. Dez. 1871	260	30	8.2		75		7000	1.07	

No. XIX und XX waren etwas defect, bei XVIII fehlte das untere Ende etwa ¼ der Substanz, bei XIX etwas weniger. Somit mag das Gewicht von XVIII ursprünglich über 1300 Gramm oder das der beiden Ovarien zusammen über 25% betragen haben.

So klar, wenigstens der gröbere Gang des Wachsthums für die Schlussperiode der Eierexistenz sich gestaltet, so wenig durchsichtig ist er bis jetzt für deren frühere Abschnitte. Wenn es sich darum handelt, die verschiedenen Entwickelungsstufen gehörig zu verstehen und einzureihen, kann natürlich die Follikelgrösse allein nicht massgebend sein, denn die Phasen günstiger und ungünstiger Entwickelung werden unzweifelhaft auch in der Vegetation abwechselnd Auf- und Abgang bewirken. Soweit meine in den nachfolgenden Seiten detaillirter mitzutheilenden Erfahrungen reichen, so nehmen im Beginn des Frühjahrs beim Salmen die sämmtlichen Follikel einen Entwickelungsanlauf und wachsen eine zeitlang, die kleinern weniger, die grössern stärker. In dieser Periode gemeinsamen Wachsthums mag sich für einen Theil der Follikel entscheiden, ob sie in die Kategorie der Abiturienten des laufenden oder des nächstfolgenden Jahres eintreten. Die Beobachtung dieses Schritts bietet indess grosse Schwierigkeiten und auch der Grund der Bevorzugung gewisser Eier vor den andern ist nicht leicht verständlich. Unter den überwinternden Eiern hat ein Theil einen unzweifelhaften Vorsprung, der sich, abgesehen von der Grösse, durch die Existenz einer ausgebildeten Kapsel charakterisirt; allein, es bleibt die Frage, ob diese voraneilenden Eier nicht im Laufe des Sommers durch andere eingeholt werden, die im Anfang des Jahres noch weit hinter ihnen zurückgeblieben waren. Die Frage scheint bejaht werden zu müssen. Während nun die reifenden Follikel durch Frühjahr, Sommer und Herbst hindurch stätig fortwachsen, hört für die Eier niedriger Klassen noch vor Eintritt der Laichzeit das Wachsthum wieder auf. Es leitet sich hiemit eine rückschreitende Bewegung ein, welche unmittelbar nach der Laichzeit in Folge allgemeiner Blutarmuth des Organes fernere Fortschritte macht, bis dann mit der neuen Saison wieder ein neuer Entwickelungsimpuls das Organ ergreift.

Mit Ausnahme derjenigen Follikel, welche im ersten Jahre der Geschlechtsreife zur Dehiscenz kommen, machen die übrigen einen ungeradlinig fortschreitenden Entwickelungsgang durch. Nach längerer Ruhe in der Jugendzeit wird letzterer eine zeitlang steigen, dann wieder sinken und stille stehen, um von neuem sich zu heben und zu sinken, bis dann schliesslich der Jahrgang kommt, in welchem das Steigen stätig anhält und gegen das Ende des Jahres rasch zum Gipfel führt. In einer Curve ausgedrückt, hätten wir also nach längerem horizontalen Anfang eine Reihe niedriger Zickzackbiegungen jeweilen ohne wesentliche Hebung des mittleren Standes der Linie, dann käme ein Mal ein etwas stärkerer Ruck, dessen nachfolgender Abfall nicht mehr aufs frühere Niveau herabführt, und endlich im letzten Halbjahr stätiges Ansteigen der Linie nach oben besprochener Weise.

Dem Laufe des Jahres folgend, beginne ich mit Beschreibung der Follikel eines Eierstocks, den ich am 1. März 1870 (unter der Bezeichnung Winter-Salmen) erhalten habe. Die allerkleinsten Follikel messen 70 — 80, andere zwischen 150 — 300 μ, dann finden sich solche von 0.5 — 0.8 mm., und endlich messen die grössern 1 — 1.5 mm. Die Untersuchung geschah an dem mit chromsaurem Ammoniak erhärteten und dann in Alkohol aufbewahrten Organ. Da diese Behandlung die kleinsten und kleinern Eier wesentlich verändert, beschränke ich mich hinsichtlich ihrer auf wenige Bemerkungen. Um das helle Keimbläschen von 30 — 40 resp. von 60 — 120 μ Durchmesser lagert sich der trübe, von einzelnen grössern Dotterkörnern durchsetzte Dotter (Taf. IV. Fig. 28 u. Fig. 30 a, b). Zuweilen umfasst ein dichter Kranz gröberer Körper spangenartig das Keimbläschen. Der körnige Dotter hat sich durch die Reagenzwirkung von der Follikelwand zurückgezogen und ist von ihr durch einen hellen Zwischenraum geschieden. Das tastrige, ziemlich reichliche Stromagewebe reicht bis dicht an die Follikelgränze, eine scharf gezeichnete Gränz-Membran bildet deren Abschluss. Granulosazellen vermag ich nirgends zu finden. Dagegen bin ich auf Präparate gestossen, wie das von Fig. 28, in welchen aus einem Punkt der Wand ein Zellenhaufen hervorragt und einzelne Zellen auch in den Rand des Dotters eingedrückt erscheinen.

Die Follikel, Fig. 29, von 0.5 — 0.8 mm. schliessen sich den kleinern Formen darin noch an, dass in ihnen ein, von zahlreichen Körnern durchsetzter Hauptdotter einen hellen, als Keimbläschen anzusprechenden Fleck (von 0.1 — 0.15 mm. Durchmesser) umgiebt. Bereits ist indess die scharf gezogene Umgränzung des letztern abhanden gekommen, zahlreiche Körner schieben sich über dessen Rand weg. Nach Aussen ist das Ei durch eine scharf contourirte Hülle begränzt, welche ohne Zwischenschiebung einer Granulosa der innern Gränzfläche des Stroma sich anlegt. Die Peripherie des Eies nimmt ein Kranz von blassen Kugeln ein, bei Eiern von ½ mm. in 2—3facher, bei grössern dagegen in vielfacher Schichtung. Diese Kugeln bilden indess nicht eine, vom Primordial-Ei selbstständige Schicht, sondern sie sind in dessen Peripherie unmittelbar eingeschoben. Fortsetzungen des Hauptdotters, zum Theil von Dotterkörnern und Fetttröpfchen durchsetzt, schieben sich zwischen die Kugeln herein und erstrecken sich mit Freilassung einer schmalen Zonoidschicht bis zur Peripherie des Gesammt-Eies. Um der von mir vorgeschlagenen Terminologie zu folgen, so ist nunmehr in den Hauptdotter des Primordial-Eies eine peripherische Schicht von Nebendotter eingeschoben, dessen blasse kugelige Elemente zwischen 20—30 μ messen, und die von Aussen nach Innen im Allgemeinen an Grösse etwas zunehmen.

Die Follikel von 1—1½ mm. (Fig. 30 u. Fig. 34), schon durch ihre im frischen Zustand rothgelbe Färbung als der Reife entgegengehend bezeichnet, unterscheiden sich von den eben betrachteten vor Allem durch die Art ihrer äussern Umgränzung. Unter der fibrösen, von Blutgefässen durchzogenen und von weiten Lymphräumen umgebenen Scheide ist wenigstens stellenweise eine dünne einfache Zellenschicht (Granulosa) vorhanden, dann folgt die beiderseits scharf abgesetzte durchsichtige und radiärstreifige Eikapsel. An einem frischen Präparate (Fig. 33) mass ich

die Dicke der Fibrosa . . . 15 μ,
" " " Granulosa . . 10 μ,
" " " Eikapsel . . . 13 μ,

d. h. die Eikapsel ist noch erheblich dünner als im reifen Ei.

Der Eiinhalt zerfällt schon für die Lupenbetrachtung in eine helle Rinde und in eine trübere Kernmasse. Nach innen von der Eikapsel liegt nämlich eine breite Zone von blassen Nebendotterkugeln, welche in die Peripherie einer körnigen Protoplasmakugel eingelagert sind. Die körnige Substanz enthält zahlreiche farblose Tropfen und Dotterkörner, grössere in der centralen Anhäufung, kleinere in den Interstitien zwischen den Kugeln des Nebendotters. Der Vergleich mit der vorhin beschriebenen Entwickelungsstufe lässt keinen Zweifel darüber, dass die fragliche körnige Masse der Hauptdotter ist, welcher auch noch jetzt im Innenraum des Eies einen compacten Klumpen bildet, während er an der Eiperipherie durch die eingeschobenen Nebendotterkugeln zu einem Gerüstwerke umgewandelt ist. Am frischen Präparate trübt er sich durch Wasser, und zeigt im intacten Zustand bereits jene zähe, zum Ausfliessen in lange Fäden geneigte Beschaffenheit, welche vom Keimprotoplasma des reifen Eies ist beschrieben worden.

Wie man sieht, besteht in Hinsicht der Lagerung von Neben- und Hauptdotter ein gewisser Gegensatz zwischen den beschriebenen Follikelformen und den entsprechenden Entwickelungsstufen des Vogeleierstocks. Bei letztern begegnen wir dem Nebendotter im Innern des Eies, und der Hauptdotter bildet während geraumer Zeit eine peripherische Zone. Wie wir indess später sehen werden, so ist der Gegensatz durchaus kein durchgreifender und man findet ja in der Massengruppirung von Neben- und Hauptdotter verschiedentliche Zwischenformen. Wesentlich ist die innige Durchdringung beider Eibestandtheile, in Folge deren der Hauptdotter stets bis zur Eiperipherie reicht, während anderseits die Nebendotterelemente allmälig bis in dessen Centrum sich vordrängen. Das Keimbläschen vermochte ich in den Follikeln von 1 mm. nicht mehr aufzufinden; ob es völlig geschwunden sei, lasse ich vorläufig dahingestellt.

Die Nebendotterkugeln messen bei diesen vorgerücktern Eiern von 10—90 μ; kleinere Formen liegen vorzugsweise an der Peripherie. Frisch untersucht sind sie von homogenem Aussehen, ziemlich stark lichtbrechend, dabei weich und in ihren Formen schmiegsam. An Schnittpräparaten, die mit Carmin tingirt wurden, zeigte die grosse Mehrzahl einen durch Carmin intensiv sich färbenden Kern (Fig. 32) von 12—20 μ Durchmesser. Unter den kleinern Kugeln bis zu 50 μ findet sich keine einzige kernlose, wogegen einzelne grössere kernlose Kugeln von 80—90 μ Durchmesser zwischen den kernhaltigen zerstreut liegen. In Betreff dieses und anderer Verhältnisse besteht somit Parallelismus zwischen dieser Entwickelungsstufe des Salmen-Eies und derjenigen des Hühner-Eies, welche ich Taf. II. Fig. 12 meines Werkes abgebildet habe (Follikel von 5 mm. Durchmesser).

Im Wesentlichen identische Resultate ergab mir die Untersuchung einiger aus spätern Wochen des Monat März (12. und 23.) stammenden Ovarien. In den grössern Follikeln ist bei diesen die innere Dottermasse reichlicher vorhanden und enthält bereits zahlreiche grosse blasse Kugeln eingelagert.

Etwas vorgerückter finde ich einen Eierstock vom (23.) April 1870. Die Abiturienten-Eier sind nicht unerheblich gewachsen (bis zu 2 mm. und darüber). Der früher auffällige Gegensatz von Rindenschicht und Kernmasse beginnt sich zum grossen Theil zu verwischen, indem die Menge der in dem innern Eiabschnitte vorhandenen Einlagerungen, sowohl die der farbigen Tropfen, als die der grossen blassen Nebendotterkugeln, sich erheblich vermehrt hat. Unter letztern prädominiren die kernlosen Formen mit Durchmessern bis zu 140 μ; daneben finden sich solche mit sehr zahlreichen Kernen kleinern Kalibers. Die Nebendotterkugeln der Rinde dagegen haben in der Mehrzahl einfache mit Carmin färbbare Kerne.

Ich springe sofort zum Monat Juni über. Wie die obige Messungstabelle ergiebt, so findet in diesem Monat bereits ein sehr ergiebiges Wachsthum statt und wir dürfen erwarten, auf makro- und mikroskopische Bildern zu stossen, die damit in engerer Beziehung stehen. Für die makroskopische Betrachtung fällt jetzt der grosse Blutreichthum der Ovarien auf, wesentlich in starker Füllung der Capillaren und der Venen begründet. Die Eier sind theils röthlich, theils weisslich trüb, oder endlich blass und durchscheinend. Die kleinsten röthlichen Eier messen Anfangs Juni etwas über 1 mm., die grössern ungefärbten und mit Keimbläschen versehenen 0.7 mm. (mit Keimbläschen bis 0.25 mm.) Zu Ende des Monats finde ich sogar angefärbte Eier bis zu 1 mm., während unter den gefärbten nur vereinzelte unter 2³⁄₄ 3 mm. messen.

Die grössern Eier, dicht gedrängt beisammen liegend und den kleinen haufenweise gruppirten Formen nur schmale Zwischenräume gestattend, sind grossentheils von durchscheinender Beschaffenheit. Ein Theil jedoch ist von einer gelblichweissen Aussenschicht umlagert. Gleiche Färbung zeigen auch zahlreiche von den mittlern Follikeln von ³⁄₄—1 mm. Längliche und dreieckige Flecke derselben Farbe treten da und dort, meist gruppenweise, im Gewebe auf und geben im Verein mit den trüben Follikeln dem Ovarium ein eigenthümlich gesprenkeltes Ansehen.

Die weissen Eier zeigen bei der Anfangs Juni (frisch mit Jodserum) angestellten Untersuchung folgendes Verhalten (Fig. 33 a bis e, und Fig. 34): Jedes derselben hat den Gegensatz einer durchsichtigen äussern und einer durch zahlreiche Einlagerungen getrübten innern Schicht. Letztere enthält das Keimbläschen, in welchem keine Keimflecken vorhanden zu sein pflegen. Die Aussenschicht (Zonoidschicht) besitzt an verschiedenen Stellen desselben Eies ungleiche Breite. Bei den kleinsten ist sie im allgemeinen absolut und relativ breiter als bei den grössern. Essigsäure trübt beide Substanzen, lässt wenigstens an kleinen Eiern ihren Gegensatz schärfer hervortreten, und zeigt an der Zonoidschicht radiäre Streifung. Alle hellen Eier sind reichlich durchsetzt von kleinen Häufchen stark lichtbrechender, durch blasse Substanz zusammengehaltener Körner. Dieselben färben sich durch Jod gelb, können somit nicht einfach als Fetttropfen interpretirt werden. Ihre Gruppirung weist darauf hin, dass je ein Häufchen derselben einer gemeinsamen Ursprungsstätte (Zelle) entsprungen ist. Bei manchen Eiern, besonders bei kleinern, ist die Zonoidschicht frei von diesen Einlagerungen; bei andern enthält auch sie Körnergruppen, zuweilen etwas blasser aussehend als im Innern des Eies. In den grössern weissen Eiern ist die Anfüllung mit Körnergruppen am dichtesten, auch finden sich hier zahlreiche Körner vereinzelt in der Substanz zerstreut. Oft liegen diese Einlagerungen an der einen Seite des Eies dichter beisammen als an den übrigen, und diese Asymmetrie giebt sich im auffallenden Licht und bei schwacher Vergrösserung als weisse Lunula zu erkennen. Wasserzusatz bringt in der Zonoidschicht blasse Kugeln zur Anschauung in wechselnder Reichlichkeit. Die Eier sind von einer Endothelscheide umgeben, von einer Granulosa ist nichts vorhanden.

Die reifenden Eier entleeren beim Anstechen:

1) zahlreiche gefärbte Tropfen mit Hüllen von trübem Protoplasma und mit mehr oder minder zahlreichen Kernen;

2) freie Kerne und Dotterkörner verschiedener Grösse;

3) trübes zähflüssiges Protoplasma mit vielen eingelagerten Kernen;

4) grosse durchsichtige Kugeln bis zu 100 à 200 μ messend;

5) eine zähe klare Flüssigkeit, beim Wasserzusatz intensiv sich trübend.

Es sind dies, allenfalls mit Ausnahme von 4, dieselben Bestandtheile, welche auch aus dem reifen Ei sich entleeren. Ueber ihre Lagerung geben Durchschnitte erhärteter oder gekochter Eier Aufschluss. Unmittelbar unter der Eikapsel bildet das trübe Protoplasma eine von Kernen und farbigen Tropfen durchsetzte Rindenschicht von 70—150 μ Dicke. Auf diese folgt eine mehrfache Lage von grossen, am erhärteten Ei polygonal gestalteten Körpern, denselben, welche beim Ausstechen als blasse Kugeln sich entleeren. Sie sind wie die Steine eines Mauerwerks in einandergefügt, und nur zwischen die äussern schiebt sich noch körniges Protoplasma in schmalen Schichten ein (man vergl. Taf. I. Fig. 38, die ein ähnliches Verhalten vom Forellen-Ei zeigt). Weiter nach Innen verliert sich jede Abgrenzung, an die Stelle der grossen polygonalen Körper tritt eine homogene Flüssigkeit. Beim Liegen dieser Eier tritt auch bereits dieselbe Scheidung ein, welche früher von den völlig reifen beschrieben wurde; die Rinde ballt sich zu einem trüben rothen Klumpen zusammen, und die innere Flüssigkeit drängt sich zur Eikapsel vor. Solche Eier werden selbstverständlich beim Contact mit Wasser sofort weiss. Ueber die Lage des Hauptdotters in ihnen vermag ich nichts Bestimmtes aus-zusagen, eine besondere Keimscheibe habe ich noch nicht wahrgenommen, und es mag der Hauptdotter vielleicht jetzt noch scheibenartig die Peripherie des Eies einnehmen.

Das Stroma des Eierstocksgewebes und die Wand der grössern Follikel bestehen aus einem bindegewebigen Faserfilz, in dessen Maschen sehr grosse Mengen von Zellen liegen. Ausser gewöhn-lichen Lenkocyten finden sich reichlich abgeplattete Stern- und Spindelzellen von blassem, protoplasma-armem Charakter. Auch die Zellen, welche in einfacher Schicht die Innenfläche der Follikelwand bekleiden, und die somit die Stelle der Granulosa vertreten, sind mit kurzen zackigen Ausläufern versehen und lassen kleine Lücken zwischen sich frei.

An den weisslich gefärbten Follikeln grossen Kalibers findet sich an Stelle der Granulosa eine flüssige Eiterschicht, die wegen ihrer Flüssigkeit an den, Behufs der Untersuchung gequetschten Follikeln sehr wechselnde Dicken (von 12 bis zu 100 μ) darbietet (Taf. IV. Fig. 35 u. Fig. 36) und die beim Ausstechen der Follikel ausströmt.

An einem etwas später (29. Juni) untersuchten, gleichfalls sehr blutreichen Ovarium boten die Follikel, sowohl trübe als helle, keine neuen Charaktere. An den kleinern Eiern war theilweise auch jetzt noch eine sehr ausgeprägte Zonoid-schicht vorhanden, theils ging körnige Substanz bis zum Rand. Eier mittlerer Grösse von ca. ½ mm. enthielten in ihrem Innern farbige Tropfen, aber ich erkannte darin nichts von zellenartigen Bildungen. Alle Eier, auch die kleinern, trübten sich durch Wasser, während Essigsäure aufhellt. Die Zonoidschicht blieb bei letzterer Behandlung klar und zeigte keine radiären Risse noch Streifen. Das Ovarialstroma war äusserst reich an farblosen Zellen.

Während des Hochsommers werden im Ober-Rhein nur sehr wenige Salmen gefangen. Der starke Consum, der gerade in der Zeit in den schweizerischen Gasthöfen stattfindet, wird durch aus-wärtige, besonders durch englische Zusendungen gedeckt. Auch die Ovarien, worauf die nachfolgenden Beobachtungen sich beziehen, stammen von englischen Salmen. Die Beobachtungsnotizen verdanke ich der Gefälligkeit von Herrn Prof. Miescher.

Salmen vom 30. August. Ovarium sehr blutreich.[*]

In die grossen Follikel, 3½—4 mm. im Durchmesser, entleeren beim Ausstechen stark licht-brechende Dotterkerne von allen Grössen, auch zahlreiche kleinere, theilweise in Conglomeraten beisammen liegend, sowie rothe Tropfen;

<hr />

[*] Man kann zweifeln, ob diese englischen Ovarien ohne Weiteres in die Reihe der unsrigen eingeordnet werden dürfen; die Grösse der Follikel und das Gesicht des Ovariums sprechen allerdings für die Berechtigung. In dem Fall sind wohl die ab 2 erwähnten Follikel die zweite Entwickelungsstufe derjenigen, die Ende Juni einen Durchmesser von ca. ¼ mm. besessen hatten. Die sub 3 beschriebenen Formen entsprechen somit in ihrer Ausbildung den für die Frühlings-ovarien beschriebenen Mitteldottern, nur dass bei jenen keine Granulosa vorhanden ist.

2) Follikel von 4,2 mm., gleichfalls röthlich durchscheinend, entleeren dieselben Bestandtheile;

3) Follikel von ½ mm. mit stark injicirter Wand, trüb weisslich. Nach Innen von der Follikelwand eine sehr deutliche, aus körnigen Zellen gebildete Granulosa, keine Eikapsel. Im äussern Theil des Eies liegen in körniger Substanz eingebettet hyaline Kugeln. Den Innentheil des Eies bildet ein sehr körnerreicher Dotter, in welchem kein Keimbläschen zu erkennen ist;

4) Follikel von ½ mm. zeigen ähnliche Verhältnisse wie die eben beschriebenen; an ihnen folgt auf die Granulosa eine scharf abgesetzte Zonoidschicht. Noch theilweise in den Innenraum hineinragend, findet sich alsdann eine mehrfache Schicht hyaliner Nebendotterkugeln; weiter einwärts mengen sich ihr Gruppen von glänzenden Körnern (Kornzellen ähnlich) bei; zu innerst folgt der körnige Dotter;

5) finden sich Follikel in Rückbildung, 1½ — 2½ mm. messend, schlaff, von orangegelber Färbung; das in ihnen vorhandene Fett ist zu grossen Tropfen zusammengeflossen (postmortale oder vitale Zersetzung?), daneben intensiv orangegelbe Kugeln und Haufen von gelben Körnern.

Lachs vom 8. October. Hier fällt zuvörderst der geringe Blutreichthum des Organes auf, der im obern Theil des Ovariums noch stärker als im untern sich ausspricht.[1] Die grossen Follikel, rothgelb durchscheinend, einige noch mit etwas weisslichem Anflug, zeigen mässige Spannung. Zwischen ihnen treten breite, mit klarer Flüssigkeit gefüllte Interstitien zu Tage. Die kleinen Follikel sind unscheinbar, gräulich trüb, durchscheinend, und sie messen ⅓ — ½ mm. Sporadisch sind auch gelbe undurchsichtige vorhanden bis zu 1 mm. Im Uebrigen fehlen Mittelformen, sei es, dass die früher vorhandenen alle bis zur Reife gelangt sind, sei es, dass sie sich zurückgebildet haben.

Die grossen Follikel zeigen ausser dem bekannten Inhalt zwischen Eikapsel und Follikelwand eine Granulosa von wechselnder Breite. Die kleinen Eier haben nach Innen von der Endothelkapsel keine Granulosa, dagegen ist das Ei von einer breiten, durchsichtigen Zone umgeben, in welcher auch hier und da einzelne Körnerhaufen liegen. Bei einem Theil der Eier ist die durchsichtige Zone gegen den trüben Dotter sehr scharf abgesetzt; ein anderer Theil der Eier, kleinster Art, ist absolut klar und körnerfrei.

Abgelaichte Ovarien sind sehr blass, ihre Blätter liegen welk übereinander, und an letzteren ist die Oberfläche von geborstenen und collabirten Follikelkapseln besetzt. Einzelne stehen gebliebene Eier haben hochgelbe Farbe angenommen und sind in voller fettiger Rückbildung. Sehen wir von ihnen ab, so messen die nunmehr grössten Eier ½ — ⅓ mm., auch sie zeichnen sich durch opake Beschaffenheit und durch gelbe Färbung aus. Theilweise lassen sie eine helle Aussenzone mit eingelagerten blassen Kugeln erkennen, welche eine innere, trübe, von vielen Fetttropfen durchsetzte centrale Masse umgibt.

Die Forellenovarien habe ich auch zu wiederholten Malen untersucht. Wie zu erwarten, so bieten sie keine grossen Unterschiede von den in gleicher Entwickelungsstufe befindlichen Stadien der Salmenovarien. Fig. 38 habe ich den Durchschnitt eines der Reife nahen Follikels dargestellt, an dem man, ausser der fibrösen Kapsel, eine Endothel- und Granulosaschicht als Wandbestandtheile trifft. Das Ei dagegen zeigt unter der Kapsel eine von blassen Kernen und gefärbten Tropfen durchsetzte Rindenschicht, auf welcher eine mehrfache Lage grosser, polygonaler und von Einlagerungen freier Körper folgt.

Mehr Interesse bietet eine andere Beobachtungsreihe vom Ende Juni. Das Ovarium zeigt zu

[1] Prof. Miescher, mit Beobachtungen über den Lachsladen beschäftigt, constatirt in derselben Zeit Anämie dieses Organes, die von der frühern Blutfülle sehr absticht. Auch am Boden tritt die Aenderung des Blutgehaltes zuerst im obern Theil auf.

His, Knochenfische. 5

der Zeit gelbrothe Färbung und ist undurchscheinend; die grössern Eier messen bis zu 1,8 mm., die kleineren 0,1—0,2, dazwischen finden sich auch Mittelformen von 0,5—0,7 mm., die kleinsten Eier sind durchsichtig, die grössern trüb und von gelbrother Farbe; letztere enthalten in ihrem Protoplasma farbige Tropfen, blasse Kerne und zahlreiche kleine Dotterkörner. Ihre Wand besteht aus der gefässhaltigen Fibrosa und aus einer Granulosa; die kleinen und mittleren Eier sind von einer Endothelscheide umgeben, in ihrer Peripherie liegen (Fig. 39 u. 40) vereinzelte Häufchen von stark lichtbrechenden Körnern. Ihr Keimbläschen enthält nur kleine Keimflecke. Wasserzusatz bewirkt mässige Trübung in der Umgebung des Keimbläschens, auch werden, besonders in den peripherischen Eischichten einzelne blasse Kugeln sichtbar. Essigsäure trübt die Eisubstanz sehr stark, eine radiäre Rindenschicht tritt indess nicht hervor oder nur bruchstückweise.

Das Gewebe ist an farblosen Zellen ausnehmend reich, ein grosser Theil derselben enthält grobe, stark lichtbrechende, durch Jod sich färbende Körner (Kornzellen). Die Zellen liegen in der Umgebung der Gefässe und in den an die Follikel anstossenden Lymphräumen, und führen die bekannten amöboiden Bewegungen aus. Wie früher bereits von der Schleihe geschildert wurde, so können sie der Oberfläche der kleinen Eier entlang kriechen, oder bestimmten Stellen der Wand sich ansetzen. Dass sie auch eindringen, wird aus der grossen Uebereinstimmung zwischen ihnen und den Körnchengruppen im Innern der Eier zum Mindesten sehr wahrscheinlich. Unmittelbar beobachtet habe ich auch hier das Eindringen nicht.

Endlich besitze ich noch über den Eierstock des Hechtes einige in die Laichzeit fallende Beobachtungen. Bei einem Thier unmittelbar vor Beginn der Laichzeit (7. April) betrug das Körpergewicht 643 Gramm, das der zwei Ovarien 153 Gramm oder 23,8 % von jenem. Auffallend gering ist auch hier das Kaliber der Mesovarialgefässe und der stärkern Ovarialgefässe. Die von Eiern freie innere Fläche der Eierstockshöhle flimmert, indess ist keine gemeinsame Stromrichtung vorhanden, sondern die Bewegung geschieht in einzelnen Wirbeln. Ueber dem citragenolsen Parenchym vermag ich hier, so wenig als bei andern Fischen, Flimmer- oder sonstiges Epithel wahrzunehmen.

Der Eierstock zeigt marmorirtes Ansehen, einzelne der reifenden Eier sind von einer gelblich weissen Schicht umlagert, andere dagegen durchscheinend; bei jenen zeichnet sich auch die Follikelwand durch lebhafte Injection aus. Abgesehen von den gewöhnlichen, denen des reifen Eies entsprechenden Rindenbestandtheilen, enthält das Innere des Eies jene grossen blassen Körner, die wir bereits vom nahezu reifen Forellen- und Lachs-Ei kennen gelernt haben.

Das Gewebe und die Lymphräume enthalten bei diesen und bei den, einige Tage später, bereits im Ausstossen der Eier begriffenen Ovarien zahlreiche Zellen, theils Leukocyten von den gewöhnlichen Charakteren, theils grössere mehrkernige Zellen mit breiten hyalinen Protoplasmasaum und mit Einlagerung grober Substanzkörner. An der Innenfläche der trüben Follikel bilden solche Zellen dicke Lager. Ein Theil der intrafollikulären Zellen zeigt die exquisiteste Beweglichkeit. Der hyaline Saum treibt sich bald hier, bald dort buckelig vor, die gebildeten Vorsprünge verschieben ihre Basis oder sie fliessen mit benachbarten zusammen, während von Innen her die Körner in sie nachströmen. Dabei zeigen nicht alle Elemente die gleiche Lebhaftigkeit, neben sehr beweglichen finden sich ruhende; ich sah aber auch an solchen, die eine Zeit lang ruhten, mit einem Male Bewegungen auftreten.

Die unreifen Eier der laichenden Hecht-Ovarien sind sämmtlich sehr blass und hyalin. An einigen ist ohne weiteren Zusatz eine hellere Zoooid-schicht von einem etwas trüberen Dotter zu unterscheiden. Zusatz von Essigsäure lässt durchweg diesen Gegensatz sehr scharf hervortreten, indem die innere Dotterkugel von der Zoooid-schicht sich zurückzieht, welch letztere vielfach radiär sich zerklüftet. Ein verhältnissmässig kleiner Theil der durchsichtigen Eier zeigt in der Peripherie Einlagerungen von vereinzelten Haufen von Körnern oder Fetttropfen.

Ausser den reifen und den unreifen Eiern finde ich an den Eierstöcken auch einige unzweifelhaft abortive Follikel von trübem, gelbem Ansehen, schlaff und mit fetthaltigen Zellen dicht erfüllt.

Schlussbemerkungen.

So lückenhaft die oben mitgetheilten Beobachtungen sein mögen, falls es sich darum handelt, eine vollständige Geschichte des Fischeies im Eierstock zu geben, so treten doch eine Anzahl theils neuer, theils von frühern Beobachtern schon besprochener Punkte scharf hervor, welche für die Lehre der Eibildung von einschneidender Bedeutung sind.

1) Der Eierstock der Knochenfische hat seine Periode der Ruhe und seine Periode physiologischer Thätigkeit. Erstere umfasst die Monate nach, diese die Zeit vor dem Laichen.

2) Die Periode physiologischer Thätigkeit zeichnet sich vor der Ruheperiode aus durch starke Füllung der Gefässe, durch Hervortreten grosser Lymphräume, sowie durch reichlichste Verbreitung farbloser Zellen im Eierstocksgewebe, in den Lymphräumen, in der Wand und zum Theil innerhalb der Wand von Follikeln.

3) In einem und demselben Eierstock ist es nicht möglich, alle Phasen der Eientwickelung zu beobachten. Jeder Eierstock eines ausgewachsenen Thieres enthält wenigstens zwei, in der Regel drei oder selbst vier, durch merkliche Unterschiede von einander getrennte Entwickelungsstufen von Eiern, deren oberste die für die nächste Brunstzeit heranreifenden umfasst.

4) Die Eier der obersten Stufe sind bei herannahender Laichzeit von einer porösen Eikapsel und von einer gefässhaltigen, mehr oder minder dicken Follikelwand umschlossen, die Eier niedriger Stufen von einer, bald ein- bald mehrfacher Endothelscheide.

5) Die unreiferen Eier bestehen aus einem durchscheinenden, meistens durch Essigsäure sich trübenden Leib, in welchem das Keimbläschen scharf sich abzeichnet. Die Zahl anderweitiger Einlagerungen ist eine wechselnde, und hängt zusammen mit der physiologischen Entwickelungsstufe, auf der sich das Ei befindet.

6) Reifende Eier enthalten stets sehr zahlreiche Einlagerungen von Nebendotterbestandtheilen, deren Menge so gross werden kann, dass sie den Binnenraum des Eies fast vollständig erfüllen. Im völlig reifen Ei ist der grösste Theil des Nebendotters verflüssigt und nur ein Theil persistirt als organisirte Rindenschicht.

7) Die im reifen Ei sehr reichlich vorhandenen durch Wasser ausfällbaren Eiweisskörper fehlen in frühern Entwickelungsstufen beinahe völlig, ja es kann in unreifen Eiern die Menge der Eiweisskörper überhaupt bedeutend reducirt sein zu Gunsten eines durch Essigsäure fällbaren Körpers.

8) An jungen Eiern findet sich in einer grossen Zahl von Fällen eine klare Zonoidschicht, welche nach Säureeinwirkung radiäre Streifung zeigt. Ihre Dicke kann an verschiedenen Stellen desselben Eies wechseln. Die Schicht findet sich zuweilen blos einseitig entwickelt, oder sie ist überhaupt nicht als selbstständiger Bestandtheil des Eileibes nachweisbar. In andern Fällen sind ihre Charactere sehr ausgeprägt, und an den Eiern gleicher Entwicklungsstufe constant. Die physiolo-

gische Zusammengehörigkeit dieser Schicht und der porösen Eikapsel ist zwar wahrscheinlich, die genauere Geschichte beider Bildungen ist aber noch zu schaffen.

9) Das Keimbläschen unreifer Eier ist ein weicher elastischer Körper. Die Keimflecke variiren in ihrer Grösse und in ihren Eigenschaften sehr erheblich, und sie zeigen in vielen Fällen die Eigenschaften von Zellenkernen, oder selbst von kernhaltigen Zellen. Eine genauere Untersuchung wird zu zeigen haben, ob sie mit den Nebendotterelementen gleichen Ursprung haben.

10) Das Wachsthum der Eier geht Hand in Hand mit dem Auftreten von Nebendotterelementen. Soweit man das successive Auftreten dieser letztern verfolgen kann, treten sie zuerst an der Peripherie des Eies auf, und können hier in vielfacher Schicht sich anhäufen; weiterhin aber dringen sie in das Innere des Eies bis zur Umgebung des Keimbläschens vor.

Die Nebendotterelemente tragen Anfangs in der Regel die Charaktere ächter Zellen mit einem durch Carmin färbbaren Kern. Sie erfahren im Innern des Eies eine Anzahl von Metamorphosen, die indess nicht alle derselben Reihe angehören. Diese sind, so weit morphologisch verfolgbar:

a) Schwinden der Hülle und Freiwerden des Inhalts: des Kerns oder der Kerne, der Kernreste, oder endlich der nach Lösung der Kerne vorhandenen Innensubstanz.

b) Theilung und Zerfall des Kerns innerhalb der Hülle, Auflösung desselben oder seiner Reste, Bildung kernloser mit Flüssigkeit gefüllter Blasen.

c) Starke Anschwellung der Kerne, Bildung grosser blasser Kugeln. NB. Die aus gequollenen Kernen hervorgegangenen Kugeln sind schwer von solchen zu unterscheiden, welche aus den ganzen Zellen nach Lösung der Kerne entstanden sind. Chemisch mag der Unterschied beider ein verhältnissmässig geringer sein, weil ja auch die letztern gelöste Kernstoffe enthalten müssen.

d) Körniger Zerfall der gesammten Zelle ohne vorausgehende Quellung.

e) Bildung von farbigen, fettähnlichen Tropfen. Dieselbe kann innerhalb der noch kernhaltigen intacten Nebendotterzellen geschehen, vielleicht indess auch ausserhalb derselben. Ihr Auftreten charakterisirt die Stadien höherer Reifung.

f) Zerfall frei gewordener Kerne, Bildung von Dotterkörnern und schliessliche Auflösung derselben.

g) Krystalloide Gestaltung der Kerne innerhalb oder ausserhalb der Hülle, d. h. Bildung von Dotterplättchen, Zerfall der Dotterplättchen in kleinere, eckige Stücke, und schliessliche Auflösung derselben. Für diese Form der Metamorphose scheinen im ruhenden Eierstock die günstigsten Bedingungen vorhanden zu sein.

11) Im reifenden oder der Reife nahen Follikel liegt nach Innen von der fibrösen Wand die ursprüngliche, oft als selbstständiges Häutchen abziehbare Endothelscheide, und zwischen dieser und der Eikapsel entweder eine einfache Schicht kleiner, oft sternförmig gestalteter Zellen (Granulosa), oder eine mehrfache Schicht von Leukocyten.

12) Unreife, nur mit Endothelscheide versehene Follikel pflegen einer Granulosa zu entbehren.

13) Eine ächt epitheliale Umkleidung des Fischeies besteht zu keiner Zeit. Die als Granulosa anzusprechende Schicht des reifenden Follikels ist eine späte Bildung, und muss von Leukocyten abgeleitet werden. Beim Barsch bildet sich aus der Granulosa geradezu eine Knorpelschicht.

14) Das Wachsthum des Eies anbetreffend, so ist die directe Beobachtung des Eintritts farbloser Zellen in das Ei noch nicht unanfechtbar geleistet. Hingegen sprechen folgende, unmittelbar der Beobachtung am Fischeierstock entnommene Gründe für diesen Modus des Wachsthums:

a) Farblose, lebhafte amöboide Bewegungen ausführende Zellen haften in physiologisch thätigen Ovarien der Endothelscheide jüngerer Eier unmittelbar an und senden, soweit erkennbar, Fortsätze in sie herein.

b) Farblose Zellen sind im gesammten Eierstocksgewebe zur Zeit lebhaften Eiwachsthums auf das reichlichste verbreitet, sie finden sich an grösseren Follikeln in allen Tiefen der Follikelwand, und selbst an deren Innenfläche, an welch letztere sie nur nach Durchsetzung, wenigstens einer Endothelschicht gelangt sein können.

c) An unreifen Eiern des Lachses und der Forelle finden sich in der Zeit physiologischer Thätigkeit im Sinn des Eies Körnergruppen, welche in ihrem Habitus mit den Kornzellen, die die Eier von Aussen umkriechen, grosse Uebereinstimmung zeigen.

d) Andererseits zeigen die Nebendotterzellen Charaktere, die zwar nicht mit denen aller nach Aussen vom Ei auftretenden Zellen übereinstimmen, allein es treten unter gewissen noch nicht näher präcisirbaren Bedingungen unter den äussern Zellen solche einzeln oder in Menge auf, die mit den blassen Nebendotterzellen völlig übereinstimmen. Aehnliche, auf übereinstimmende Zellenmetamorphosen in und ausserhalb des Eies hinweisende Beobachtungen habe ich früher schon für den Hühnereierstock beigebracht; ebenso ergeben sich solche aus der Abbildung von Bischoff für das Kaninchen-Ei und neuerdings auch aus den Beobachtungen von Eimer[1] für die Ringelnatter.

e) Das von der Eiperipherie beginnende Auftreten der Nebendotterzellen und ihr, bei innerer Metamorphose von Aussen her neu stattfindender Ersatz, der schliesslich dahin führt, dass im reifen, zur Ausstossung bereiten Ei eine Schicht von organisirtem Nebendotter den flüssigen Einhalt rindenartig umschliesst.

Nach Aufzählung der Beobachtungen, welche zu Gunsten der von mir vertretenen Eibildungs- und Keimblattlehre sprechen, mag es am Platze erscheinen, auch den Bemerkungen der Beobachter Rechnung zu tragen, die mir bis dahin entgegen getreten sind. Noch stehe ich bis heute beinahe völlig isolirt mit meinen auf diese Fragen bezüglichen Ueberzeugungen, und wenn ich mich auch trösten darf, dass Manche von denen, welche absprechende Urtheile gegen mich veröffentlicht haben, der zu solchen Untersuchungen nöthigen Reife entbehren, so finde ich doch andererseits unter meinen Gegnern namhafte Beobachter, deren Urtheil nicht ohne Weiteres darf ausser Acht gelassen werden.

Ich fasse zunächst die Hauptsätze zusammen, zu welchen ich in meinen Studien über das Hühner-Ei gelangt war:

1) Das Remak'sche mittlere Keimblatt ist kein elementares Glied der embryonalen Körperanlage, sonders es sind an ihm verschiedene Bestandtheile auseinander zu halten. Diese sind einerseits:

Der Axenstrang, die animale und die vegetative Muskelplatte,
andererseits:

Die Anlagen für die Gefässendothelien, das Blut und die Bindesubstanzen.

Letztere Anlagen, von mir als parablastische bezeichnet, entstehen nicht durch Blastenspaltung inmitten ihrer spätern Umgebung, sondern sie dringen vom Rande her zwischen die Blätter der Keimscheibe, und folgen dabei den Lücken, welche bei Gliederung der Keimscheibe entstehen.

2) Die parablastischen Anlagen stammen vom weissen Dotter, welcher den Keimwall, den Boden der Keimhöhle und die Rindenschicht des Dotters bildet. Die Elemente dieses letztern sind zum Theil wenigstens noch als Zellen anzusehen, und die in ihnen befindlichen kugeligen Körper als Zellenkerne.

3) Die weissen Dotterkugeln sind keine Productionen der primitiven Eizelle, sie sind von der Granulosa aus in das Ei gedrungen. Auf ihrem Eintritte beruht überhaupt im Wesentlichen das Wachsthum des Eies, denn aus ihnen bilden sich die gelben Dotterkugeln und sie dienen, indem sie

---

[1] Eimer. M. Schultze's Archiv Bd. VIII. p. 124. Freilich giebt Eimer seinen eigenen, sowie meinen Beobachtungen eine Deutung, die der meinigen genau entgegengesetzt ist. Er hält die mit Nebendotterkugeln übereinstimmenden Elemente der Granulosa für Theile, die im Ei „centrogen" entstanden, und von da nach Aussen herausgetreten sind.

— 38 —

theilweise zerfallen, auch zur Ernährung des Hauptdotters, dessen Dotterkörner den zerfallenen Kernen weisser Dotterkugeln gleich zu setzen sind.

4) Die Granulosa ist kein ächtes Epithel, sondern sie stammt von Wanderzellen ab, welche aus der Umgebung der Blutgefässe in's Innere der Follikel eingedrungen sind.

Von den 4 Sätzen halte ich den letzten, welchen ich in meiner frühern Schrift nur durch Argumentation begründet hatte, durch die oben mitgetheilten Beobachtungen wenigstens für das Fischovarium als endgültig festgestellt.

Auch Satz 1 ist das Ergebniss unmittelbarer, und, soweit ich einsehe, lückenlos durchgeführter Beobachtung. In Betreff desselben habe ich verhältnissmässig am wenigsten Opposition erfahren. In Auseinanderhaltung des Axenstranges und der beiden Muskelplatten hat sich ihm zunächst Waldeyer angeschlossen, und derselbe behauptet auch in ausdrücklicher Uebereinstimmung mit mir, dass vom Keimwalle her und vom Boden der Keimhöhle aus Zellen zwischen die Keimblätter eindringen; die Frage nach dem Ursprung der letztern lässt er offen, und auch über ihre ferneren Schicksale spricht er sich nicht aus.[*]

_[*] Waldeyer. (Bemerkungen über die Keimblätter und den Primitivstreifen bei der Entwickelung des Hühnerembryo. Henle's Zeitschr. f. rat. Med. III. Bd. 34. p. 153 u. f. Die Opposition welche mir Waldeyer in diesem Aufsatz macht, bezieht sich auf Punkte von zum Theil secundärer Natur. So steht Waldeyer selbstverständlich nicht im Widerspruch zu mir, wenn er die grossen runden Zellen der subgerminalen Fortsätze Furchungskugeln nennt. Bei den Vögeln, wie bei den Reptilien, den nackten Amphibien und den Fischen schreitet bekanntlich die Furchung ungleich rasch über den Keim fort. Beim Vogel-Ei ist es nach der Coste'schen, neuerdings durch Oellacher bestätigten Erfahrung der mittlere obere Theil des Keims, der am raschesten sich macht während am Rand und in der untern Parthie des Keimes die Sache langsamer vor sich geht. Hier finden wir daher noch im gelegten Ei grosse kuglige Elemente. Wie lange man diese Furchungskugeln oder wie früh man sie Keimzellen nennen will, das steht bei dem Mangel einer Grenzbestimmung in dem subjectiven Ermessen des Beschreibers.

Von etwas grösserem Belang ist die Differenz in Betreff der Blättereintheilung. Nach Waldeyer ist die obere Muskelplatte nicht dem obern, sondern dem untern Keimblatte zuzutheilen. Letzteres nämlich scheidet sich zuerst in toto vom obern Grenzblatt, dann zerfällt es in das Darmdrüsenblatt und das vereinigte Muskelblatt, und hieraus erst spaltet sich das letztere in seine beiden Bestandtheile. Dies bedarf einer verständigenden Auseinandersetzung: Schon vor der Bebrütung ist die obere Zellenplatte durch ihr dichtes Gefüge ausgezeichnet, und sie sticht hierdurch ab von der locker zusammengefügten tieferen Schicht der von mir sogenannten subgerminalen Fortsätze. Immerhin, und darauf lege ich Gewicht, hängt sie mit dieser an den vielen Berührungspunkten beider zusammen. Die Keimscheibe bildet somit jetzt ein Ganzes von noch unvollkommener Gliederung. Aus der lockern untern Schicht entwickeln sich die Muskelplatten und das Darmdrüsenblatt; die festere obere wird zum obern Grenzblatte. Soweit stimme ich mit Waldeyer überein. Die Divergenz beginnt in Folgendem: Waldeyer lässt die lockere untere Substanzplatte mit Ausnahme des Axenstranges völlig von der obern sich trennen, auf zurückbleibende Verbindungen legt er kein Gewicht und nennt sie inconstant (p. 164). Ich hatte angegeben, dass, nachdem das Darmdrüsenblatt als zusammenhängende Schicht sich gestaltet hat, die zwischen ihm und dem obern Grenzblatt liegenden lockern Zellenmassen (wenn man den Ausdruck brauchen will, aus den Stielen der frühern subgerminalen Fortsätze gebildet) sich in zwei Schichten scheiden, von welchen die eine, die animale Muskelplatte, dem obern, die andere, die vegetative, dem untern Grenzblatte folgt. Es handelt sich, wie man sieht, um eine einfache Scheidung.

No. 1 (oberes Grenzblatt) scheidet sich von No. 2 (animale Muskelplatte).
No. 2 (animale Muskelplatte) ,, ,, No. 3 (vegetative Muskelplatte).
No. 3 (vegetative Muskelplatte) ,, ,, No. 4 (Darmdrüsenblatt).

Diese sämmtlichen Scheidungen geschehen nicht mit einem Ruck, sondern nur unter allmähliger Zerrung und Zerreissung der Verbindungen. Am längsten erhalten sich die Verbindungen der obern Muskelplatte mit dem obern Grenzblatte. Der Rand der erstern ist noch zur Zeit des Leibesschlusses mit dem überliegenden Grenzblatte innig verlöthet. Das ist so leicht wahrzunehmen, dass Waldeyer sich gewiss seit Abfassung seines Aufsatzes längst davon überzeugt hat. Dies, sowie die damit offenbar zusammenhängende Thatsache, dass die obere Muskelplatte dem obern Grenzblatte bei Bildung der animalen Leibeswand bleibend beigesellt bleibt, musste mich bestimmen, entgegen Remak, zur ältern v. Baer'schen Blättertheilung zurückzukehren. Aus meinen eigenen Abbildungen, sowie aus meiner Beschreibung p. 72, geht übrigens hervor, dass vorübergehend die zwei Muskelplatten dichter unter einander, als mit den Grenzblättern verbunden sein und somit eine vereinigte Muskelplatte darstellen können. Während aber eine solche vereinigte Muskelplatte

Selbst die Stricker'sche Schule, welche im Uebrigen meiner Auffassung der Dinge ganz besonders scharf entgegen tritt, steht im Wortlaut ihrer Sätze mit mir nicht in absolutem Widerspruch, denn auch sie nimmt eine Zelleneinwanderung in den Keim an. Allerdings sind ihre thatsächlichen Vorstellungen von den meinigen sehr unterschieden und ihre Einwanderung hört da auf, wo ich sie anfangen lasse. Nach den Ansichten nämlich von Peremschko, welchen sich Stricker selbst und seine übrigen Schüler Oellacher und Klein[1]) anschliessen, findet zwischen die beiden Schichten der Keimscheibe die Einwanderung grosser, vom Boden der Keimhöhle stammenden Zellen statt, und diese Zellen werden zum gesammten mittlern Keimblatte im Sinne Remak's. Die genannten Beobachter erachten den angeführten Satz für erwiesen, eine genauere Prüfung ihrer Beweisführung ergiebt indess eine ziemlich unsichere Begründung.

Peremschko geht in seinem Aufsatz von der gemachten Beobachtung aus, dass vor der Bebrütung das Ei aus zwei, im Centrum streng geschiedenen Schichten besteht, welche etwa von der 17ten Stunde ab auch scharfe Contouren besitzen. Von diesen ist nunmehr das untere Blatt deutlich einschichtig und aus platten Zellen gebildet, nach der Peripherie endigt es im Keimwall und seine Elemente haben hier den Charakter von Furchungskugeln, das obere Blatt dagegen ist mehrschichtig. Weder aus dem einen noch aus dem andern der beiden Blätter ist die Abspaltung eines mittleren denkbar, gleichwohl aber bildet sich dieses und zwar zuerst in seinen centralen Abschnitten. Es besteht aus „charakteristischen neugebildeten" Zellen. Die Charaktere werden im Text nicht mitgetheilt, aus den Abbildungen ist zu vermuthen, dass rundliche Gestalt und eine gewisse Kleinheit darunter verstanden sind. Zwischen den kleinen finden sich zuweilen grosse granulirte Zellen, ähnliche liegen am Boden der Keimhöhle, und da die letztern, laut Peremschko's Angaben, im Laufe der Bebrütung allmählig abnehmen, so schliesst er, dass sie zwischen die zwei anfänglich vorhandenen Blätter der Keimscheibe eingewandert sind, um sich hier zu theilen, und die kleinen Zellen des mittlern Keimblattes zu bilden. Endlich wird zur Bestätigung dieser Vermuthung mitgetheilt, dass die grossen, auf dem Grund der Keimhöhle liegenden Elemente auf dem heizbaren Objecttisch langsame Formveränderungen erkennen lassen.

Um mit dem letzten Punkt zu beginnen, so wäre es wünschenswerth gewesen, zu erläutern, welche Vorsichtsmassregeln Peremschko angewendet hat, um die Kugeln frei von Beimengungen Seitens der Keimscheibe aus dem Boden der Keimhöhle anzunehmen und lebend unter das Mikroskop zu bringen. Sodann wäre es sicherlich passend gewesen, die beobachteten Kugeln genauer zu beschreiben, zu sagen, ob sie eine Membran besassen, ob einen deutlichen Kern, ob sie grobe oder feine Körner enthielten und dergleichen mehr. Es kommen nämlich am Boden der Keimhöhle Kugeln verschiedener Art vor, solche, die unzweifelhaft weisse Dotterkugeln sind, und solche, die als Keimzellen müssen angehen werden.[2] Peremschko selbst lässt sich in Beurtheilung der fraglichen Kugeln, seiner „Bildungselemente" die Acten offen; immerhin giebt er zu verstehen, dass er wenig geneigt sei, sie für weissen Dotter zu halten. Auch hat er an weissen Dotterkugeln niemals spontane Bewegungen wahrgenommen.

---

stets nur die dickere Mittelschicht eines Zellenstratums darstellt, das mit beiden Gränzblättern verbunden ist, wird ihre Zweitheilung glatt zu Ende geführt zu einer Zeit, da die Verbindungen mit den Gränzblättern noch ausgedehnt persistiren.

[1]) Peremschko, Ueber die Bildung der Keimblätter im Hühner-Ei. Bd. LVII. Jahrg. 1868 d. Sitzungsberichte der Wiener Akademie.

Oellacher, Untersuchungen über die Furchung und Blätterbildung im Hühner-Ei.

Klein, Das mittlere Keimblatt in seinen Beziehungen zur Entwickelung der ersten Blutgefässe und Blutkörperchen im Hühnerembryo. Bd. LXIII. Jahrg. 1871 d. Wien. Sitzungsberichte.

[2]) Man vergl. meine Untersuchungen über die Entwickelung des Hühnchens. p. 10, sowie meine Abbildungen Taf. I. Fig. 3 b. u. Fig. 6.

Ohne mich weiter an der Beweisführung zu stossen, gebe ich die Möglichkeit zu, dass unter den am Boden der Keimhöhle befindlichen Kugeln ein Theil, und zwar gerade die vom Keim abstammenden, bewegungsfähig sind; immerhin ist damit nicht viel gewonnen, denn die weitern Argumente, dass diese „schwerbeladenen" Bildungselemente, um Peremschko's Ausdruck zu brauchen, zur Einwanderung in den Keim dienen, sind anfechtbar genug. Nach Peremschko nimmt im Laufe der Bebrütung die Zahl der am Boden der Keimhöhle befindlichen Kugeln ab. Die späteste Stufe, welche Peremschko zeichnet (Fig. 12 nach 20stündiger Bebrütung), zeigt eine auffallend grosse Menge derselben. Aus spätern Stadien liegen in Betreff des Bodens der Keimhöhle keine Zeichnungen und keine Beobachtungsangaben vor. Bei dem raschen Wachsthum der Höhle und der Erweichung ihrer Umgebung wird sie auch vom Ende des ersten Tages ab nicht so leicht vollständig in den Schnitt hereinzubeziehen sein. Allein auch wenn dies möglich wäre, wird die Beurtheilung der Zahl der Einlagerungen in der vergrösserten Höhle einen andern Maassstab verlangen, als in der ursprünglichen. Ferner muss man von vornherein die Möglichkeit in Abrede stellen, durch Besichtigung einzelner Schnitte ein endgültiges Urtheil in der Hinsicht zu gewinnen, weil die Vertheilung der Kugeln eine unregelmässige ist, und weil ein Randschnitt ganz andere Ergebnisse liefert, als ein Mittelschnitt. Wollten wir indess das Factum einer Abnahme der grossen Kugeln am Boden der Keimhöhle trotz seiner ungenügenden Feststellung für richtig ansehen, so würde immer noch die Möglichkeit zu eliminiren bleiben, dass dieselben auf andere Weise als durch Auswanderung sich mindern. Diese Möglichkeit lässt sich nicht eliminiren, denn von den grossen Kugeln können diejenigen, welche dem weissen Dotter entstammen, durch Zerfall endigen, die Keinzellen aber können, wie ich dies mitgetheilt habe,[*] zur Umgränzung des Keimwalls mit herbeigezogen werden.

Als ferneres Glied seiner Argumentenkette führt Peremschko an, dass er „zuweilen" (dies ist sein eigener Ausdruck) mitten unter den kleinen Zellen des Keimblatts Bildungselemente, d. h. grössere granulirte Körper gefunden habe. Hieraus mag sich jeder die Wahrscheinlichkeitsschlüsse ableiten, die ihm zusagen, ein Beweis für das Eingewandertsein der Bildungszellen lässt sich daraus nicht gestalten, denn die „Bildungszellen" haben die Charaktere der Keinazellen, welche schon in der unbebrüteten, sowie in der eben angebrüteten Keimscheibe unter dem obern Keimblatte liegen (man vergl. meine Abbildungen Taf. I. Fig. 4, 5 u. 6, und Taf. VI. Fig. 6). Von diesen Zellen allerdings hat Peremschko keine Notiz genommen. Aus Peremschko's Beschreibung und Abbildungen ist vielmehr ersichtlich, dass er die verbindenden Zellen, welche zwischen dem obern und dem untern Blatte schon von der ersten Zeit der Bebrütung an vorhanden sind, vollständig übersehen hat, ja er übersieht sogar, dass der Axenstrang von Anfang an nichts anderes als eine Verbindungsmasse zwischen den beiden Gränzblättern ist, und wie er einmal den Axenstrang gewahr wird, sieht er sich zur paradoxen Aufstellung genöthigt, die vom Rand her einwandernden Zellen seien zuerst im Centrum der Scheibe angehäuft zu finden. In dieser Lücke der Beobachtung liegt der Hauptschlüssel für Peremschko's Vorstellungsweise: weil er das Material übersehen hat, aus welchem sich der, von ihm in Betracht gezogene Theil des mittlern Keimblattes bildet, musste er suchen auf andere Weise dasselbe herbeizuschaffen.

An der mangelhaften Wahrnehmung Peremschko's können ungenügende Präparate die Schuld getragen haben, ich erlaube mir darüber kein Urtheil. Jedenfalls aber ist ein Punkt in Betracht zu ziehen, der Vielerlei erklären kann. Peremschko sagt nicht, aus welchem Theil der Keimscheibe seine Querschnitte genommen sind, das ist aber keineswegs gleichgültig; denn wenn wir von den Blutgefässen absehen, bis zu deren Erscheinen Peremschko seine Untersuchungen nicht ausgedehnt hat, so kommt es zur Bildung eines mittlern Keimblatts (Axenstrang und Muskelplatten) überhaupt nur im Bereich der, von mir sogenannten Keimzone, d. h. in der hintern Hälfte der Area pellucida und in den daran stossenden, späterhin sich aufhellenden Theilen der Area opaea. Schnitte durch die vordere Hälfte einer angebrüteten Keimscheibe liefern daher sehr frühzeitig zwei, in der vollen Ausdehnung der A. pellucida von einander getrennte Blätter, während in der hintern Hälfte die Blätter in mehr oder minder grosser Ausdehnung zusammenhängen. Ein Blick auf meine Taf. II, Fig. 2, 7, 8, 9, auf Taf. IV, Fig. 1, 2, 3 — 5, sowie auf Taf. VI, Fig. 6 und Taf. XII, Fig. 3 kann das Gesagte erläutern. In den ersten Bebrütungsstunden ist, wenn man den Zufall walten lässt, mit der Wahrscheinlichkeit von ½ ein Schnitt aus einer Region zu erwarten, in der sich niemals ein mittleres Keimblatt findet, nach 17 Stunden sinkt diese Wahrscheinlichkeit deshalb auf Null herab, weil um der Beobachter mit Absicht die bereits sichtbaren Embryonalanlagen zur Schnittführung auswählt. Systematische, ununterbrochene Schnittreihen scheinen, ihren Angaben zu Folge, weder Peremschko noch Stricker oder andere von des letztern Schüler ausgeführt zu haben. — Wenn man übrigens die eben auseinandergesetzte Entschuldigung für die bereits angebrütete Keimscheibe gelten lässt, bleibt es immer noch ein Mangel der Beobachtung, dass Peremschko an der unbebrüteten Keimscheibe den Zusammenhang der obern und der untern Zellenlagen nicht erkannt hat.[1]

An Peremschko schliesst sich zunächst Oellacher an. Derselbe hat die verdienstliche Arbeit unternommen, die Furchung des Hühner-Eies an Durchschnitten zu studiren; er beschreibt einige, allerdings nicht unmittelbar an einander anschliessende Furchungsstadien und constatirt, wie ich dies für spätere Entwickelungsstufen gethan hatte, die Aufnahme zerfallener weisser Dotterkerne durch die Keimelemente. Im weitern Verlauf stösst er auf die, unter den Keim liegenden grössern Kugeln (Fig. 6 Aa, Fig. 7a, Fig. 9, Fig. 10 u. Fig. 12e), die er, wie Peremschko, als Bildungselemente des mittlern Keimblattes ansieht.[2] Einen Theil dieser Kugeln, so besonders die von 6 Aa und 12e, stehe ich nicht an, laut der Zeichnung als weisse Dotterkugeln zu diagnostiren, andere sind unstreitig Keimzellen. Gerade in Fig. 12 (von einem angebrüteten Ei) ist der Unterschied in dem Habitus der angeblich schon eingewanderten Zellen d und der zur Einwanderung sich anschickenden ein sehr auffälliger.[3] p. 16 erörtert dann Oellacher, dass „Structurelemente im Sinne der Histologie, als abgegränzte selbstständige Organismen" im weissen Dotter nur ausnahmsweise und oberflächlich zu finden seien, über dessen Oberfläche sie dann meistens hervorragten. Diese seien nur zu finden, wenn die Furchung vollendet ist und wenn analoge Elemente im Keim vorhanden sind, es wären also Gebilde, die von letzterem abstammen, und die von ihm aus in die weiche Dottermasse hinein gelangt sind. Ich muss gestehen, ich verstehe diesen Satz nicht recht. Nach Oellacher's Definition fallen weisse Dotterkugeln entschieden unter die Zahl der Structurelemente, auch befinden sich unter den von ihm als solche angesehenen Körpern unzweifelhaft weisse Dotterkugeln. Solche sind aber schon im unreifen Eierstocksei zu finden, und für sie trifft also Oellacher's Satz nicht zu. Es zeigt sich, wie misslich es ist, wenn man nicht die Theile, von denen man spricht, genau beschreibt. Bis jetzt hat sich aber kein einziger der Stricker'schen Schüler die Mühe genommen, die weissen Dotterelemente genau zu beschreiben, ihre Verbreitung und

---

[1] Auf die Bemerkungen Rieneck's, M. Schultze's Arch. V. p. 356 u. f., der die „Einwanderungsspuren" des mittlern Keimblattes am Forellen-Ei verfolgt hat, trete ich hier nicht ein, seine Auslassungen entsprechen weder bescheidenen Ansprüchen, noch den Ansprüchen der Beschtiedenheit.

[2] Beiläufig gesagt, liegt der Schilderung des reifen Eierstocksei bei Oellacher ein unzweifelhaftes Schrumpfungsbild zu Grunde, denn anders kann ein trapezoides Keimbläschen nicht aufgefasst werden; auch giebt Oellacher an, dass er seine Präparate schon nach zweitägigem Aufenthalt in verdünnter Chromsäure mit absolutem Alkohol behandelt hat. — Von Interesse ist dagegen die Auflösung reichlicher Samenmengen im Eikiter des Huhns und von Samenfaden im Eierweiss.

[3] Es ist diese Figur von Stricker in seinem Lehrbuch der Histologie copirt worden, Fig. 401 p. 1209; ebenso erscheint (ohne Quellenangabe) Oellacher's Fig. 10 bei Stricker als Fig. 403.

den Wechsel in ihren Eigenschaften zu studiren, Dinge, die selbst dann noch interessant genug sind, wenn meine Parablastenlehre ganz ausser Spiel gelassen wird, und die jedenfalls bei einer Bekämpfung der letztern in erster Linie müssen verfolgt werden.

In einer spätern Abhandlung[*] kommt Oellacher auf die Frage zurück und sagt, Peremeschko hätte bewiesen, dass die Elemente des weissen Dotters keine Zellen sind, Stricker, Peremeschko und er selbst hätten dargethan, dass das ganze mittlere Keimblatt aus, von der Keimhöhle eingewanderten Zellen sich bilde, und er selbst habe endlich gezeigt, dass diese Stücke des Keimes u. s. Furchungskugeln seien. Neue, auf den Gegenstand bezügliche Beobachtungen enthält die Abhandlung nicht.

Eine neuere, dem mittlern Keimblatte gewidmete Arbeit hat Klein geschrieben. Klein bemerkt ganz richtig, dass nach 14 — 16stündiger Bebrütung die Area pellucida in den hintern Abschnitten merklich trüber geworden ist, und mit der Loupe erkennt er kleine unregelmässig zerstreute Körper. Diese sind auf Durchschnitten betrachtet, theils grobkörnige Bildungselemente, theils Gruppen von kleinen zelligen Gebilden mit relativ grossen Kernen, welche der obern Fläche des aus platten Zellen bestehenden untern Keimblattes anhaften. Im centralen Theil sind es Kleinzellige, an das obere Blatt mehr herantretende Gebilde. Klein fährt nun also fort: „Da es als ausgemacht gelten muss, dass die Keimscheibe des unbebrüteten Eies aus zwei Blättern besteht, so ist es aus den oben bereits angeführten Gründen klar, dass das eben beschriebene Flächenbild nicht etwa, wie es His meint, in den nach der Fläche wachsenden subgerminalen Fortsätzen, sondern in der Gegenwart von theils noch grobkörnigen, theils schon in weiterer Entwickelung begriffenen Bildungselementen seine Begründung findet, welche Elemente vom Keimwall her zwischen die beiden Keimblätter gegen das Centrum der Keimscheibe fortwandern." Der Satz klingt etwas naiv. Es ist möglich, dass die Voraussetzung von den zwei streng geschiedenen Blättern des unbebrüteten Keimes in dem Kreise, in welchem Klein aufgewachsen ist, als „ausgemacht gelten muss," anderwärts wird man sich, so lange noch so formelle Beobachtungen des Gegentheiles vorliegen, wie die von mir selbst und von Waldeyer, erlauben dürfen, ihn für unrichtig zu halten und die daraus gezogenen Consequenzen nicht anzuerkennen.

Weiterhin theilt auch Klein Beobachtungen mit, welche, wie er glaubt, die Einwanderung von Bildungselementen direct beweisen, er beschreibt nämlich über dem Keimwall das Vorkommen von grossen Bildungselementen, die theils mit grossen glänzenden Körnern erfüllt sind, theils aus einer fein granulirten Protoplasmasubstanz bestehen, mit Andeutungen einer grossen Menge rundlicher, bläschenförmiger Kerne. Die beigegebene Abbildung, Taf. I. Fig. 5, lässt keinen Zweifel, dass damit fast ausschliesslich kernreiche weisse Dotterzellen gemeint sind. Sagt Klein, dass diese von ihm beschriebenen Körper den peripherischen Theil des mittlern Keimblatts, d. h. das Gefässblatt bilden, so werde ich ihm nicht widersprechen, weil dies auch meine eigene Ueberzeugung ist.

Was Klein's Andeutungen über Gefässbildung betrifft, so kann ich mich, ohne mich allzuweit von meinem Gegenstand zu entfernen, nicht auf deren Analyse und Sichtung einlassen. Obwohl Stricker sagt, dass nach Klein's Arbeiten die primäre Blutgefässentwickelung eine endgültig gelöste Frage sei, wage ich die Behauptung, dass Klein's Schilderungen ein Gemenge ist von halbverstandenen und von unverstandenen Dingen. Seine Endothelbläschen sind zwar theilweise wohl ausgebildete, unantechtbare Capillaren mit in der Wand befindlichen Blutinseln, theils aber sind sie blosse Interstitien von Gefässen.[*]

---

[*] Die Veränderungen des unbefruchteten Keimes des Hühner-Eies im Eileiter. Leipzig 1872. Separat-Abdruck aus der Zeitschr. f. wissensch. Zool. Bd. XXII. p. 48.

[*] So in Fig. 9 u. 5a. Auch in Fig. 45, wo eine Erklärung mitgetheilt wird, scheint Klein die weiss dargestellten Zwischenräume für die Gefässanlagen zu halten. Bei dieser Anlass kann ich nicht umhin, neuerdings darauf hinzuweisen, wie wichtig es ist, embryologische Zeichnungen nicht aus Gerathewohl, sondern mit Hülfe des Prisma's zu entwerfen.

Um die ersten Anfänge der Gefässbildung zu sehen, ist die 36te Bebrütungsstunde ein etwas später Termin, denn zu der Zeit ist ja der gesammte Dotterkreislauf schon entwickelt.

Endlich hat sich Stricker selbst im Schlusscapitel seines histologischen Sammelwerks über die Bildung des mittleren Keimblattes ausgesprochen, und den Arbeiten seiner Schüler als Mitgewährsmann den Stempel der Approbation ertheilt.[*] Seine Darstellung schliesst sich wesentlich an diejenige von Peremeschko an, immerhin mit einigen nicht ganz unwichtigen Modificationen. Betreffs der unbebrüteten Keimscheibe giebt nämlich Stricker zu, dass ihre Blätter stellenweise innig zusammenhängen; allein schon nach wenigen Brütestunden ergeben die Durchschnitte mit „unverwüstlicher Klarheit, dass zwei und nur zwei Schichten da sind," die obere Schicht dicker, compacter, 2 bis 3, selbst mehr Zellen hoch, die untere Schicht aus abgeplatteten, auf dem Durchschnitt spindelig erscheinenden Zellen bestehend. Stricker erkennt sogar, dass das untere Blatt vor seiner Abspaltung stellenweise von vorspringenden Häuschen von Zellen überlagert ist; allein er verliert diese aus dem Auge, und lässt nun, nachdem er den Satz von der streng durchgeführten Zweiblättrigkeit des Keimes gesichert zu haben glaubt, die Peremeschko'schen Argumente für die Bildung des mittlern Keimblattes durch Einwanderung folgen. Wie ich schon oben hervorhob, so sind nur systematische Schnittreihen im Stande, das Verhalten der Blätter zu erläutern. Aus ihnen aber ergiebt sich, um Stricker's Ausdruck zu brauchen, mit unverwüstlicher Klarheit, dass in der vordern, in die Embryonalzone nicht einbezogenen Hälfte der Area pellucida die beiden Blätter allerdings streng sich scheiden, dass aber die Scheidung nur unvollkommen und allmählig sich vollzieht in der hintern Hälfte der Area, und dass zwischen den beiden Gränzblättern gerade da Zellenmassen eingelagert bleiben, wo Axenstrang und Muskelplatten

---

Klein's Zeichnungen sind in technischer Ausführung grossentheils untadelhaft, und offenbar auch nach vortrefflichen Präparaten gemacht, und doch sind sie in den für die Entwickelung entscheidenden Massenvertheilungen vielfach ganz unrichtig. Am bemerkenswerthesten ist Fig. 37. Dieselbe soll den Dotterkreislauf eines 2tägigen Hühnchens darstellen; nicht nur sind dabei die Gefässe der Area pellucida vergessen, sondern auch die Dottervenen, und man sieht sich vergeblich nach einem Wege um, auf welchem das Blut in's Herz gelangen kann.

[*] Es charakterisirt die Gewissenhaftigkeit der Stricker'schen Kritik, dass er noch im Jahre 1871 von meinen Veröffentlichungen nichts kennt oder zu kennen affectirt, als den kleinen Vortrag, den ich im Sommer 1866, wenige Monate nach Beginn meiner Untersuchungen, bei Anlass der naturf. Gesellschaft in Neuenburg gehalten hatte, und dass er von meiner zwei Jahre später erschienenen, ausführlichen und mit allen Belegen versehenen Publication absolut keine Notiz nimmt. In jenem Vortrag ist unter Anderm der Ausspruch enthalten, das untere Keimblatt sei eine Production des obern. Nachdem ich nämlich gefunden hatte, dass dasselbe durch Verzährung und Verschmelzung von Zellen sich bildet, die ursprünglich dem obern Blatte anhaften, und nachdem früher Remak angegeben hatte, dass das mittlere Keimblatt durch Abspaltung aus dem untern sich bildet, glaubte ich das entsprechende Verhältniss des untern Blattes zum obern in einer an Remak sich anschliessenden Weise ausdrücken zu sollen. In meiner ausführlichen Arbeit habe ich den Ausdruck vermieden, weil er mir selbst missdeutbar erschien; dafür aber habe ich ein einlässliches Material an Beschreibungen und Zeichnungen mitgetheilt, welches über meine Darstellung keinen Zweifel gestattet. Nichtsdestoweniger klammert sich Stricker an meinen frühern Ausdruck fest, das untere Blatt sei eine Production des obern, und im Widerspruch mit meiner eigenen Darstellung lässt er mich sagen, im unbebrüteten Ei sei nur eine Schicht von Körpern vorhanden, aus welcher nach der Bebrütung Fortsätze ausgehen, die zum untern Blatt sich verbinden. Dieselbe Insinuation kehrt theilweise bei Stricker's Schülern Rieneck und Oellacher wieder; nach ihnen lasse ich die abgerundeten Fortsätze aus dem obern Blatt „herauswachsen", und es giebt ihnen dies Anlass zu gegenstandslosen Angriffen.

Alles was ich dagegen über ungleiches Wachsthum der Keimscheibe, über die dadurch bedingte Brütenfolge und den Mechanismus der Blätterspaltung, über die zwischen den Blättern zurückbleibenden zelligen Verbindungen, über die der Trennung vorausgehenden, so charakteristisch sich aussprechenden Zerrungen der Zellen, über das successive Eindringen der Gefässanlagen in die Embryonalanlage, über die Metamorphosen der Zellen des Keimwalls und über so manches andere Hierhergehörige gesagt habe, das Alles ist an Stricker spurlos verhallt. Dass eine Mechanik der Entwickelung überhaupt geschaffen werden kann, und dass die Paradisantenlehre zu ihr in inniger Beziehung steht, das ist ihm nicht minder unbekannt. Die paar Schnitte seiner Schüler dispensiren ihn auf das vollständigste von der Rücksichtnahme auf alle solchen unschulgemässen Dinge.

6*

zur Ausbildung gelangen. Schrittweise verfolgt man die Ordnung dieser Zellenmassen in Schichten, ihre Loslösung von einander und von den Gränzblättern, und keine einzige Thatsache weist darauf hin, dass an den Anlagen jener Theile eingewanderte Zellen den geringsten Antheil nehmen.

Während ich keinen Grund verfinde, eine Theilnahme eingewanderter Zellen zu dem Aufbau des Axenstranges und der Muskelplatten anzuerkennen, muss ich andererseits auf das bestimmteste festhalten an dem allmähligen Eindringen jener Anlagen, die ich parablastische genannt habe, der Anlagen für die Blutgefässe und für die an sie sich anschliessenden Bindesubstanzen. Die bezüglichen Thatsachen sind augenscheinlich leicht zu constatiren, und ich muss mich nur wundern, dass von den zahlreichen embryologischen Arbeitern der Stricker'schen Schule so wenig Aufmerksamkeit und Gewicht darauf gelegt worden ist. Nur Schenk[*]) (der allerdings, soviel ich weiss, von Stricker unabhängig arbeitet) hat in einer, von schönen Abbildungen begleiteten Abhandlung die Thatsache constatirt, dass die Gefässe, während sie sich vermehren, aus dem Gefässhof in den Fruchthof herein wandern. Er schliesst keine weitern Consequenzen daran, weder betont er einen Gegensatz zwischen den Gefässanlagen und den aus der Axenplatte hervorgegangenen Theilen des mittlern Keimblattes, noch ist er dahin gelangt, das weitere Vorrücken der Gefässanlagen von der Aortenwand aus zwischen die Urwirbel und um das Medullarrohr herum wahrzunehmen, oder die von der Aortenwand ausgehende Bildung der äussern Chordascheide. Auch bei völliger Widerlegung meiner Anschauungen über die Beziehungen der parablastischen Anlagen zum weissen Dotter muss die unangreifbare Thatsache ihres centripetalen Hereinwachsens in die frei werdenden Lücken des übrigen Keimes genügen, ihnen eine von den sonstigen Bestandtheilen des mittlern Keimblattes unabhängige Stellung zuzuweisen.

Von meinen oben aufgeführten vier Sätzen hat der dritte unbedingt am meisten Anstoss erregt, er greift allerdings tief in die thierische Entwickelungslehre ein, und so lange meine Operationsbasis an Breite nicht erheblich zunimmt, werde ich mir von vielen Seiten her müssen den Vorwurf unberechtigter Neuerung gefallen lassen. Was mir von neuen Beobachtungen zu Gebote steht, gedenke ich bei späterem Anlasse mitzutheilen, hier erlaube ich mir vorerst nur hervorzuheben, dass meine Untersuchungen über die Umwandlungen der im Keimwall eingeschlossenen weissen Dotterkugeln bis jetzt nicht wiederholt, ihre Ergebnisse somit auch nicht widerlegt sind. Die Erfahrung Peremeschko's, dass weisse Dotterkugeln auf dem heizbaren Objecttisch keine Bewegungen ausführen, wird man nicht im Ernst als eine Widerlegung ihrer Zellennatur ansehen dürfen. Das Bewegungsvermögen von Zellen

*) Schenk, Beiträge zur Lehre von den Organanlagen im motorischen Keimblatte. Wiener Sitzungsber. Februar 1868. Bd. LVII. p. 143 (Sep.-Abdr.) Die Arbeit Schenk's nimmt keine Rücksicht auf diejenige von Peremeschko, beide müssen ziemlich gleichzeitig ausgeführt worden sein, denn die Mittheilung der Schenk'schen Arbeit an die Akademie fällt auf den 14. Febr. 1868, die der Peremeschko'schen auf den 20. Febr. Schenk sagt in seinen einleitenden Sätzen von den mittlern Keimblatte, „dass es zwischen dem Hornblatt und dem Darmdrüsenblatt, sobald sie auf Querschnitten als Keimblätter zu unterscheiden sind, den überwiegend grössern Raum der Keimanlage einnimmt;" eine Bemerkung, die natürlich im vollsten Widerspruch steht mit den Anschauungen Peremeschko's und Stricker's. Zu viel Gewicht darf indess auf diese Bemerkung nicht gelegt werden, weil Schenk's Ausgangspunkt erst das Ende des ersten Tages ist. Wenn ich Schenk's Darstellung p. 2 seines Aufsatzes richtig verstehe, so lässt er das mittlere Keimblatt im Bereich der Axenplatte von oben sich abspalten, während er, wie oben erwähnt, die Gefässanlagen von Gefässhof herauswachsen lässt.

Durch unklare Stellen in seinen, allem Anschein nach nicht sehr zahlreichen Präparaten lässt sich Schenk verleiten, von Ovatdottern ausgehend, eine Gewebsschicht zwischen Darmdrüsenblatt und Darmfaserblatt hereinwachsen zu lassen. Diese Schicht, seine „Darmplatte", soll die wirkliche Anlage der Darmmuskulatur sein, Remak's Darmfaserplatte nur zur Bildung der Serosa dienen. Schenk's Darmplatte ist das stärker gewundene Gefässblatt, es liefert die Submucosa, sowie das Gefässstratum der Mucosa, die Serosa bildet sich später.

ist bekanntlich eine Function von gar mancherlei Variabeln, unter welchen die Temperatur nicht als die einflussreichste erscheint. So lange wir wissen, dass kleine Unterschiede im Wassergehalt, im Salzgehalt, im Gehalt an freien Alkalien, oder an diesen und jenen organischen Bestandtheilen genügen, um vorhandene Zellenbewegungen zu sistiren, oder die sistirten wieder auftreten zu lassen, so lange wird auch der negative Charakter fehlender Bewegung bei der in Discussion stehenden Frage ohne Gewicht sein.

Für die Berechtigung, die in den weissen Dotterkugeln vorkommenden Inhaltskörper als Kerne anzusehen, hat neuerdings die Chemie ein sehr entscheidendes Argument beigebracht. Bekanntlich ist es F. Miescher gelungen, als Hauptbestandtheil der Eiterzellenkerne eine albuminoide Substanz nachzuweisen, welche durch Unlöslichkeit in künstlichem Magensaft und in Salzlösungen, durch Löslichkeit in Alkalien und besonders durch einen sehr hohen Phosphorgehalt sich charakterisirt.[1] Er hat diese Substanz Nuclein benannt und als Repräsentanten einer ganzen Reihe verwandter Stoffe angesehen. Die Untersuchung des Hühnerdotters hat ihn weiterhin gezeigt,[2] dass auch die Substanz der weissen Dotterkerne der Behandlung mit Verdauungsflüssigkeit grossen Theils widersteht. Der unverdauliche Rückstand zeigt theilweise noch die Form der intacten Kerne, und wird durch 1 % Soda-lösung rasch gelöst. Die sorgfältig gereinigte trockene Substanz hat einen Phosphorgehalt von über 15 %. Miescher's Schluss ist folgender: „dass die geschilderten, in Salzlösungen und Verdauungs-flüssigkeit unlöslichen Formelemente des Dotters, trotz ihres fremdartigen Aussehens, die Bedeutung von ächten Kernen haben, wird wohl Niemand mehr bestreiten; denn nicht in den optischen Eigen-schaften, sondern in der chemischen Natur eines Gebildes wurzelt doch gewiss die Rolle bei den moleculären Vorgängen des Zellenlebens."

Ich habe mit der Ableitung der paraplastischen Anlagen vom weissen Dotter gegen die Doctrin verstossen, dass Alles, was Keim ist, sich furcht; mit der Ableitung des weissen Dotters aus Granulosa-zellen, habe ich die nicht minder hochgehaltene von der Einheit der Eizelle verletzt. Schon vor Jahren war durch Meckel v. Hemsbach angegeben worden, der Eidotter stamme vom Follikelepithel ab, und ihm hatten sich zwei ebenso erfahrene als unbefangene Forscher, Allen Thompson und Ecker, angeschlossen. Deren Ansicht wurde von verschiedenen Seiten her bekämpft, am eindringlichsten von Gegenbaur, welcher 1861 den Beweis angetreten hat, dass aller, scheinbar noch so zellenähnlich aussehende Inhalt des Eies durch Weiterentwickelung der Dotterkörner zu begreifen sei. Das Follikel-epithel nimmt nach ihm am Eiaufbau keinen Antheil, das Ei ist nichts als eine einzige colossale Zelle. Dieses Schema ist seitdem in den herrschenden morphologischen Kreisen manifestbar; zu seiner mehr oder minder vollständigen Rettung sind denn auch nach dem Erscheinen meiner Untersuchungen Cramer, Waldeyer und neuerdings in einer ausführlichen Arbeit Eimer in die Schranken getreten.

Fr. Cramer,[3] welcher 1868 unter Kölliker gearbeitet hat, fasst seine Argumente gegen meine Darstellung von der Eibildung also zusammen. Es spricht gegen mich:

1) die stets scharfe Begränzung des Follikelepithels nach innen;

[1] F. Hoppe-Seyler, Medic. chemische Untersuchungen. Heft IV. p. 452 u. f.

[2] Miescher, Die Kerngebilde im Dotter des Hühner-Eies in Hoppe-Seyler's Untersuchungen p. 502 u. f.

[3] Fr. Cramer, Beitrag zur Kenntniss der Bedeutung und Entwickelung des Vogel-Eies. Verhandl. d. Würzb. physikal. med. Ges. Neue Folge. Bd. I. u. Dissert. inaug. Cramer polemisirt auch gegen die Identificirung der Dotter-körner von 1 μ Durchmesser mit Zellenkernen. Dies beruht jedenfalls auf einem Missverständniss. Ich habe jene Identität niemals behauptet, wohl aber das Hervorgehen der Dotterkörner aus zerfallenen Kernen weisser Dotterkugeln. Hierfür liefert die ovariale und die spätere Geschichte des Eies genügende Belege.

2) die Thatsache, dass dasselbe stets einschichtig ist;

3) die regelmässige polygonale Zeichnung der Granulosa auf der Fläche, welche nicht vorhanden sein könnte, wenn sich verändernde aufquellende Zellen da wären;

4) das Vorhandensein einer präparirbaren Membran um den Dotter, zu einer Zeit, in welcher, nach mir, die Zelleneinwanderung noch in vollem Gang sein müsste;

5) das Verbleiben der Granulosazellen im Calyx.

Mit Thatsache 2, die übrigens ebenso wie No. 3 ohne Gewicht ist, stehen Cramer's eigene Figuren (2, 4 und 5) im Widerspruch, denn er zeichnet da eine 2schichtige Granulosa. No. 1 und No. 4 sind nach dem, was wir über die Permeabilität der Capillarwände für Leukocyten wissen, gleichfalls nicht beweiskräftig. Hiernach bleibt No. 5. Dieser Satz bezieht sich nicht sowohl auf die Ableitung des weissen Dotters vom Follikelepithel, als auf diejenige des letztern von Leukocyten. Ich hatte nämlich die Durchgängigkeit der innersten Follikelschicht (M. Supracapillaris) für Leukocyten unter Anderem dadurch gestützt, dass ich angab, nach der Entleerung des Eies treten massenhaft Zellen über die innere Follikeloberfläche hervor.[) Cramer widerspricht mir darin und sagt, dass nach dem Platzen des Follikels das Epithel einfach an seiner Stelle bleibe, um später fettig zu entarten. Beim Durchgehen meiner ältern Präparate überzeuge ich mich neuerdings davon, dass im geplatzten Follikel die gefaltete Supracapillaris von einer vielfachen Schicht locker aneinander liegender Zellen überdeckt ist, und ich kann in dem Verhalten nichts anderes, als die Erscheinungen einer Oberflächeneiterung erkennen. Worauf der Widerspruch meiner Erfahrungen mit denen Cramer's beruht, vermag ich augenblicklich nicht zu sagen, vielleicht darin, dass wir die geplatzten Calyces in verschiedenen Stadien untersucht haben. Die in Fig. 7 von Cramer abgebildeten Zellen wird übrigens jeder Mikroskopiker lieber für Eiterzellen als für Epithelien diagnosticiren.[)

Waldeyer's Schrift über Eierstock und Ei hat bekanntlich im Nachweis des persistirenden Epithels am Ovarium der Säugethiere eine höchst werthvolle Bereicherung unserer Kenntnisse dieses Organes gebracht. Ich halte mich an seine Bemerkungen über das Ovarium der Vögel, bedaure aber gleich Eingangs, dass ich mit diesem Forscher nicht allein hinsichtlich von Deutungen, sondern mehrfach auch in Betreff von Beobachtungen im Widerspruch mich befinde. In Waldeyer's Abbildungen habe ich nicht vermocht, die Lösung der vorhandenen Widersprüche zu finden, weil sie bei ihrem durchweg schematischen Charakter zwar wohl geeignet sind, die Ansichten ihres Verfassers zu illustriren, keineswegs aber Auskunft zu geben über streitige Eigenschaften seines thatsächlichen Materials.[)

Waldeyer's Ansicht von der Dotterbildung im Hühnerei ist folgende: Die Granulosa (nach W.

[) p. Vorarbeit Schrift

[) Waldeyer lässt, wie Cramer, die Granulosa persistiren, dann aber durch Wanderzellen von ihrer Unterlage abgelösst werden, welch letzterer Punkt bei mir der wesentliche ist. l. c. p. 64 u. 97. Seine erläuternde Abbildung Fig. 25 stammt übrigens nicht von einem geplatzten, sondern von einem werdenden Follikel und zeigt nicht klar, ob die dargestellten Wanderzellen in der That im Innern des Follikels, oder ob sie noch unter der Supracapillaris liegen.

[) Ich lege zunächst wenig Gewicht darauf, dass Waldeyer's Beobachtungen an den Ovarien junger Tauben mit den meinigen nicht sich decken, dass er die Bilder meiner Taf. II. Fig. 1, a, b, c so wenig gesehen hat, als ich sein Bild 23. Hier aus in der That der Grund in verschiedenem Material liegen, und spätere Untersuchungen werden darthun, in wie fern uns verschiedene Entwickelungsstadien unter die Hände gelangt sein. Auch unverständlicher ist mir die Differenz in Betreff der Lutebn. Während ich mit der ganzen Reihe älterer Autoren, diese aus weissem Dotter gebildet sein lasse ein Verhältniss, aber welches jedes hartgesottene Ei Jedem zeigt, sollt sie nach Waldeyer aus molekular-körnigem Dotter bestehen. Nicht minder fremdartig sind mir seine Angaben in Betreff der Granulosa des Fischovariums. Zum Beleg dafür, dass die Dotterhaut des Fische eine epitheliale Cuticularbildung sei, nicht Waldeyer an, in ihren Kanälen treten je mir verschiedene Fortsetzstellen unter die Haube gelangt. Er thält dies als allgemeine Thatsache mit, nennt weder die benutzten Species, noch die Jahreszeit, noch die Grösse der Eier, an denen die Beobachtung angestellt wurde. Ich muss mich demnach wundern, dass nur bei meinen zahlreichen Untersuchungen von Fischovarien gar nicht Aehnliches begegnet ist.

ein ächtes Follikelepithel) trägt an ihrer Innenfläche einen dichten Besatz von feinen Protoplasmafäden, welche bis in die körnige Rindenschicht des Eidotters (den Hauptdotter) sich verlängern. Der zwischen den Zellkörpern und dem Dotter liegende Theil dieser Fortsätze bildet eine helle Zone, und wird von W. Zona radiata genannt. Dieselbe entspricht der Schicht, die von mir als Cuticula bezeichnet wurde. Während ich sie aber aus der Zonoidschicht (der äussersten körnerfreien Protoplasmalage) des Eies abgeleitet und als Vorläuferin der Dotterhaut angesehen habe, leugnet Waldeyer deren Beziehungen zur Zonoidschicht, und selbst die Dotterhaut lässt er nur aus deren äusserstem Saume hervorgehen. Die Zona radiata gehört von Hause aus nicht dem Ei, sondern dem Follikelepithel an, und in seiner Fig. 25 Taf. III. zeichnet sie Waldeyer geradezu als steifen, den Granulosazellen aufsitzenden Wimperkranz, dessen Wimpern theilweise frei endigen, bevor sie den Dotter erreicht haben. Eine schwächere, zusammenhängende Cuticularschicht soll das Follikelepithel auch an seiner äussern, der Follikelwand zugekehrten Oberfläche produciren, sie wird von Waldeyer als Membrana propria folliculi bezeichnet.[')]

Aus den Protoplasmafortsätzen der Granulosazellen gehen durch fortwährenden Zerfall die Dottermolecüle des körnigen Dotters hervor, und aus diesen durch „einfaches" Aufquellen die Dotterkugeln (p. 65). Ebenso „einfach" (p. 66) bilden sich die Kerne oder Pseudokerne der weissen Dotterkugeln durch Einpressen jüngerer Dottermolecüle in die ältern weicheren Kugeln. Die Bedingungen für dieses Einpressen liegen nach Waldeyer klar vor, indem die jüngern Elemente allenthalben zwischen den ältern zerstreut liegen, und es gelangen dabei in die eine Dotterkugel wenige, in die andere viele solcher Eindringlinge herein; durch den Zerfall der letztern bilden sich dann wiederum die Molecüle der gelben Dotterkugeln. Für die Restitution des durch Dotterbildung fortwährend sich consumirenden Follikelepithels nimmt Waldeyer zerfliene Wanderzellen der Follikelwand in Anspruch.

Waldeyer's Darstellung trägt einigermassen den Charakter eines Compromisses. Die Schwierigkeiten der Substanzzufuhr in das Ei, über welche sich fast alle übrigen Schriftsteller kühn hinweggesetzt haben, sind ihm nicht völlig entgangen; er giebt also in bedingtem Maasse die Ernährung des Dotters durch Follikelepithel und die des letztern durch Blutzellen zu, dabei aber muss die Einheit der Eizelle gerettet werden, selbst unter Anwendung von Gewalt. Schon der Versuch, die Zona radiata vom Ei abzulösen und dem Follikelepithel zuzuweisen, ist völlig verfehlt. Ich will nicht auf die oben mitgetheilten Erfahrungen am Fisch-Ei hinweisen, welche eine derartige Epithelialproduction völlig ausschliessen, es genügt, beim Hühnerfollikel selbst zu verbleiben. Für diesen aber steht es absolut fest, dass die helle streifige Schicht, welche bei Follikeln mittlern Kalibers den körnigen Dotter äusserlich umgiebt, mit ihm untrennbar verbunden ist, wogegen die Verbindung mit der Granulosa eine lockere ist. Während man sehr leicht eine Trennung zwischen der Granulosa und der Zona radiata erhält, gelingt es nicht eine solche zwischen der letztern und dem Dotter zu Stande zu bringen. Bilder, wie das von Waldeyer Fig. 25 d, von förmlichen Wimperzellen, habe ich niemals gesehen, wohl aber sind mir solche vorgekommen, welche mir das von Eimer[')] gezeichnete Eindringen von einzelnen Granulosafortsätzen durch die Cuticula hindurch wahrscheinlich gemacht haben.

Völlig unverständlich ist das Aufquellen der Dottermolecüle zu grossen Kugeln, denn man sieht sich vergeblich nach einem Material um, in welchem diese Quellung erfolgen soll. Gekünstelt ist ferner die Vorstellung von der Bildung der weissen Dotterkerne durch Hineindrücken jüngerer Elemente in ältere. Im weissen wie im gelben Dotter liegt eine blasse Kugel an der andern ohne Zwischenschiebung von stärker lichtbrechenden, kernartigen Gebilden. Die Kugeln des weissen Dotters sind,

---

[')] Waldeyer giebt p. 62 an, ich hätte diese Schicht mit der an der Innenseite der Granulosa liegenden Dotterhaut verwechselt; es ist indess kein Zweifel, dass sie identisch ist mit der Membran, welche ich als M. supracapillaris beschrieben und abgebildet habe, p. 23 u. Taf. II. Fig. 9. Wie er dazu kommt, mir eine so plumpe Verwechselung unterzuschieben, giebt Waldeyer nicht an.

[')] M. Schultze's Archiv Bd. VIII. Taf. XVIII. Fig. 6.

wie ich aller Verneinung Waldeyer's gegenüber aufrecht hatte, mit einer Flüssigkeit gefüllte Blasen; denn, wie ich pg. 6 meiner Untersuchungen mitgetheilt habe, gelingt es ohne Schwierigkeit in ihrem Innern den Inhalt in Wirbelströmungen zu bringen. Ferner sind in ihrem Verhalten gegen Reagentien die Inhaltskugeln von der sie umgebenden Substanz völlig verschieden, worüber man ebenfalls meine ausführlichen Darlegungen nachlesen mag, und endlich sind die kernlosen Blasen eine spätere Bildung, als die kernhaltigen und schon desshalb nicht als Vorgebilde von jenen anzusehen. Auch die Ableitung der Moleküle des gelben Dotters aus zerfallenen weissen Dotterkörnern hält nicht Stich, denn jene erweisen sich durch ihre Löslichkeit in Salzlösungen als ausgefällte Albuminate, während diese, wie ich früher schon gezeigt hatte, von Salzlösungen nicht angegriffen werden, und nach den neueren Untersuchungen Miescher's der Hauptsache nach aus Nuclein bestehen. Soll der Gegenbaur'sche Standpunkt gegenüber dem meinen gerettet werden, so müssen jedenfalls andere Formeln gefunden werden, als die von Waldeyer gewählten.[1])

Neuerdings hat Th. Eimer in zwei Aufsätzen[2]) die Eier der Reptilien, Vögel und Fische behandelt. So ausgedehnt das benützte Material ist, so begegnen wir doch auch hier wiederum der Vorstellung, dass es genüge, beliebige Eierstöcke von beliebigen Thieren zu untersuchen, um über die Geschichte der Eibildung richtige Anschauungen zu gewinnen. In Betreff der Dotterbildung schliesst sich Eimer völlig an Gegenbaur an; er lässt die Dotterkörner auf Kosten des Eiprotoplasma sich vergrössern und glaubt sogar, das Loch gesehen zu haben, das sie in ihre Umgebung eingefressen haben.[3]) An Osmiumpräparaten nämlich sieht er einen hellen Hof um die Dotterkügeln herum, den er eben als Loch deutet (weisse Dotterkugel mit sich färbendem Kern). Eimer legt nun besonderes Gewicht darauf, dass die Hauptstätte der Dotterbildung das Centrum des Eies sei; aus centrogener Thätigkeit leitet er die grösseren weissen Blasen ab, und vom Centrum des Eies aus sollen sie sich wiederum an die Peripherie des Eies, ja selbst über das Ei hinaus verbreiten. Es treffen nämlich Eimer's Erfahrungen mit meinen eigenen, von Waldeyer angezweifelten darin zusammen, dass er Kugeln, die weissen Dotterkugeln entsprechen, auch ausserhalb des Eies im Follikel begegnet.[4]) Eimer macht sodann (bes. laut Erklärungen an der Ringelnatter) sehr bestimmte Angaben über das Vorhandensein dicker, in das Ei eintretender Fortsätze von Granulosazellen; Beschreibung und Abbildungen lassen kaum einen Zweifel an der Richtigkeit der Wahrnehmung zu. Dabei handelt es sich nicht, wie bei Waldeyer, um Büschel feiner Fäden, durch deren Gesammtheit die das Ei umgebende helle Zone gebildet wird, sondern um einfache, dicke, die Cuticularschicht durchbohrende Fortsätze. Ohne die Möglichkeit ins Auge zu fassen, dass diese Fortsätze etwa die Vorläufer der durchtretenden Gesammtzellen sein könnten, sieht sie Eimer geradezu als Beweis gegen die Theilnahme des Follikelepithels am Eiwachsthum an, und lässt sie später zu Grunde gehen.

---

[1]) Ich erinnere hier daran, dass vor Waldeyer, Stricker eine partielle Theilnahme des Follikelepithels an der Dotterbildung statuirt hatte (Sitzungsb. d. Wiener Akad. Juni 1868. Bd. LVI.) Er lässt durch dritte Stellen der Dottermembran hindurch von den Follikelepithelien helle Kugeln, die er mit den sog. Schleimkugeln der Darmcylinder vergleicht, hineingetrieben werden. Ich hatte zur Zeit, als ich meine Schrift abfasste, diese Bemerkung Stricker's übersehen, die in nicht unwichtigen Punkten meiner eigenen Darstellung nahe steht.

[2]) M. Schultze's Archiv Bd. VIII, p. 216 u. L u. 297 u. f. Auf die Controle der Erhärtungsmittel hat Eimer offenbar wenig Aufmerksamkeit verwendet. Er benutzte Alkohol- und Osmiumsäure und unter seinen Bildern ist eine Reihe von Schrumpfungsbildern mit untergelaufen.

[3]) l. c. p. 221 u. Fig. 2 A u. B. Die Tafelerklärungen sind auf ihr Minimum reducirt, und da weder die Vergrösserungen noch die angewandten Systeme angegeben sind, ist es schwer, die Figuren zu benützen.

[4]) Nach E. wandert von einer bestimmten Zeit an Dotter durch Dotterhaut und Zona pellucida aus, ja durch die Poren sehr dicker Häute hindurch, welche sich allmählig um das Ei herum bilden können (Ringelnatter); dabei handelt es sich offenbar um eine selbstständige active Bewegung der betreffenden Dottertheile, l. c. p. 242. Aehnlich spricht sich E. p. 115 für das Vogelovarium aus.

Seine Vorstellungen vom Eiwachsthum fasst Eimer in folgenden Sätzen zusammen: 1) „Das Wachsthum des Eies ist im Wesentlichen auf Rechnung einer Assimilation von Ernährungsmaterial zu setzen, welches direct aus dem Kreislauf bezogen ist. 2) Es wächst das Ei nicht nach anderer Art, wie jede Zelle wächst, nur in anderem Maasse. 3) Die Umsetzung des aufgenommenen Rohstoffs geschieht hauptsächlich im Mittelpunkt des Eies, von hier, von der Centralstätte aus, werden die aus ihm gearbeiteten Producte über dessen ganzen Bereich verbreitet.“ Weiterhin fügt er bei: „es sind, meiner Ansicht nach, die mit ihren Fortsätzen in den Dotter hineinragenden Follikelepithelien, welche eine Zeit lang die Wege für das Ernährungsmaterial abgeben. Mit dem Schwinden der Granulosazellen werden die Poren der Eihülle frei, in welcher jene Fortsätze steckten und jetzt sind offene Kanälchen zum Zwecke der Ernährung und Abscheidung gegeben.“

Ich enthalte mich einer Kritik dieser Sätze, nur in Betreff des zweiten erlaube ich mir noch wenige Bemerkungen. Der Satz, dass das Ei nicht anders wächst als jede andere Zelle, mag in den Ohren manches, an physiologisches Denken nicht gewöhnten Morphologen durchaus vollwichtig klingen, und doch wird es, wenn man nicht an physiologische Wunder glaubt, schwer sein, sich über dessen Tragweite eine klare Vorstellung zu bilden. Wir wissen an und für sich wenig genug von der Ernährung und dem Wachsthum von Zellen, und wenn wir von Quellung, Diffusion, von chemischer Anziehung und dergl. reden, so ist dies höchstens als anständige Verhüllung unserer Unwissenheit zu bezeichnen. Für die Zellen des wachsenden Keimes habe ich selbst, und haben seitdem auch Oellacher und Rieneck den Nachweis geliefert, dass sie sich nicht mit flüssiger Nahrung begnügen, sondern die in ihrer Umgebung befindlichen Dotterkörner in Substanz in sich aufnehmen. Aehnliche substantielle Zellenernährung mag vielleicht auch anderwärts nachgewiesen werden, wenn man einmal darnach sucht, beim wachsenden Ei indess soll das Blutplasma genügen. Nun vergegenwärtige man sich folgende Punkte: Der reife Hühnerdotter enthält bei einem Gesammtgewicht von ca. 15 Gramm etwas über 50 %, d. h. 7—8 Grammes feste Bestandtheile.[*] Unter letztern finden wir etwas über 2.5 Gramm oder ca. 16 % Eiweisskörper und lösliche Salze, den Rest bilden Lecithin, Nuclein, Cholestearin und Fette, lauter Stoffe, die schon vermöge ihrer Unlöslichkeit zur Diffusion ungeeignet sind. Wenn dieselben nicht in Substanz in's Ei gelangt sind, so müssen sie sich in ihm aus den löslichen Stoffen des Plasma gebildet haben. Versuchen wir, wie weit wir mit letzterer Vorstellung kommen. Das Blutplasma enthält über 90 % Wasser, der reife Eidotter kaum 50. Es ist dies ein Verhältniss, das von vornherein höchst ungünstig ist für einen durch Diffusion bedingten Eintritt fester Stoffe in's Ei. Lässt man aber das Plasma mit oder ohne Trichter in's Ei hineinfiltriren, so müssen Einrichtungen gesucht werden, die eine rasche Ausscheidung des mit dem Plasma eingetretenen Wasserüberschusses ermöglichen, oder Einrichtungen, welche den Wassereintritt hemmen und nur denjenigen der festen Bestandtheile geschehen lassen. Ueber den Druck im Innern der Follikels fehlen bis jetzt directe Messungen, ein hoher Druck könnte allenfalls einen Wasseraustritt erklären, allein damit fällt wieder die Kraft dahin, welche Stoffe in's Ei eintreibt. Alle diese Schwierigkeiten steigern sich ausnehmend, so wie man sich vergegenwärtigt, dass die 7—8 Gramm fester Dottersubstanz mit Ausnahme eines verschwindend kleinen Anwurfs im Laufe von 6—8 Tagen sich angesammelt haben, und dass die zur Aufnahme von Stoffen dienende Oberfläche des Eies an und für sich gering ist, und aller der Einrichtungen entbehrt, die wir an absorbirenden Oberflächen zu finden gewohnt sind.

Mit der Annahme von Zelleneinwanderungen in das Ei löst sich wenigstens ein Theil der vorhandenen Schwierigkeiten. In der Eiterung kennen wir bereits einen Prozess, welcher in gleich kurzer Zeit gleich grosse oder selbst grössere Mengen hochorganisirter Materie auf beschränktem Raum

---

[*] Man vergl. die Zusammenstellung älterer Analysen in Lehmann's Zoochemie, die neuern Arbeiten im III. und IV. Heft von Hoppe-Seyler's medic.-chemischen Untersuchungen.

zusammenführt. Die farblosen Zellen stehen schon in Betreff des Wassergehalts dem Eidotter näher als das Blutplasma, sie nähern sich ihm aber auch in der übrigen chemischen Zusammensetzung, sie enthalten dieselben durch Wasser fällbaren Eiweisskörper und vor Allem enthalten sie die im Plasma fehlenden phosphorhaltigen organischen Körper der Lecithin- und Nucleingruppe.

So lange mir selbst oder einem andern Forscher nicht gelungen ist, den Prozess der Zelleneinwanderung von Anfang bis zu Ende durchzubeobachten, muss ich es natürlich einem Jeden überlassen, welches Gewicht er den von mir für den Zelleneintritt ins Ei beigebrachten Argumenten beilegen will, soviel aber ist sicher, dass wir mit der Steifung auf doctrinäre Schemata einem so schwierigen Problem gegenüber nicht zum Ziel gelangen werden. Wir Morphologen dürfen uns überhaupt nicht schmeicheln, in Sachen des Eiwachsthums und der Eiernährung das letzte Wort zu reden; immerhin kommen uns die nothwendigen Vorarbeiten zu und von der mehr oder minder einsichtigen Weise, in der wir diese durchführen, wird die Fragestellung der uns nachfolgenden Chemiker und Physiologen und damit auch der Erfolg in schliesslicher Lösung der gestellten Aufgabe bestimmt werden.

Erklärung der Abbildungen.

Sämmtliche Zeichnungen, mit Ausnahme der im Original photographisch aufgenommenen Fig. 26 der Taf. IV, sind mit dem Zeichnungsprisma entworfen. Die Maassstäbe finden sich auf Taf. II zusammengestellt und die Bezeichnungen (S. 4 u. f.) entsprechen den zum Zeichnen angewandten Hartnak'schen Systemen; bei S. VIII ist der Vergrösserungscoefficient ...

Tafel I. Reifes Fisch-Ei.

Fig. 1. Keim des Lachs-Eies senkrecht durchschnitten, Chromsäurepräparat, S. IV.
     a. Kapsel.
     b. Keim.
     c. Rindenschicht.

Fig. 2. Keim des Forellen-Eies, S. IV. Bezeichnung wie oben.

Fig. 3. Frisch herausgenommener Keim des unbefruchteten Lachs-Eies auf dem Objectträger zerfliessend ohne Zusatz (halbschematisch).

Fig. 4. Fliessendes Rindenprotoplasma mit innenliegenden farbigen Tropfen und blassen Kernen vom Lachs-Ei, 2 Tage nach der Befruchtung untersucht, S. V.

Fig. 5. Rindenbestandtheile des Lachs-Eies, S. VII, frisch, ohne fremden Zusatz.
     a. Kugeln aus einem frisch der Bauchhöhle entnommenen, unbefruchteten Ei, ausserdem farbigen Tropfen blasse Kerne und körniges Protoplasma enthaltend.
     b, c, d, e Kugeln aus unbefruchteten Eiern mit schmaler Protoplasmahülle.
     f. Verschiedene Kerngebilde aus einem seit 8 Tagen befruchteten Ei.

Fig. 6. Kapsel mit anhaftender Rindenschicht, Erhärtungspräparat, S. V.
     a. Kapsel.
     b. Rinde mit farbigen Kugeln und blassen Kernen.

Fig. 7. Mikropyle des Lachs-Eies im senkrechten Schnitte, Erhärtungspräparat, S. V.
     a. Kapsel.
     b. Keim.
     c. Rinde.

Fig. 8. Mikropyle und frische Samenfäden vom Lachs, beides mit Syst. XII gezeichnet.

Fig. 9. Mikropyle der Forelle. S. V.

Fig. 10. Dieselbe, mit Syst. IX gezeichnet, zeigt im Gegensatz zur Lachsmikropyle den engen Zugangstrichter.

Fig. 11. Ei der Aesche. Rindenschicht, von Aussen her am gequetschten, aber ungeplatzten Ei gesehen. S. IV.

Fig. 12. Rindenelemente des Aeschen-Eies frisch mit Jodserum untersucht. S. VII.
     a. grosser farbiger Tropfen mit kernhaltiger Protoplasmahülle.
     b. desgleichen, kleinere Tropfen mit verhältnissmässig breiter Hülle.
     c u. d. mehrere Tropfen in einem Rindenelement.
     e. Rindenkugel ohne farbige Einlagerung mit zahlreichen Kernen.
     f. Kern isolirt.

Fig. 13. Hecht-Ei sofort nach der Befruchtung, S. I°.
     a. Kapsel.
     b. eingedrungenes Wasser.
     c. Keim.
     d. Tropfen der Rindenschicht.

Fig. 14. Rindenzellen des Hechtes frisch untersucht, S. VIII.
     a. einkernige.
     b. mehrkernige.
     c. mit farbigen Tropfen.
     d. mit blassen Kernfragmenten.
     e. isolirter farbiger Tropfen.

Fig. 15. Mikropyle des Stichlings von der Fläche gesehen.

7 *

Tafel II. Eierstocks Eier, hauptsächlich von Cyprinoiden.

Fig. 1. Eier einer kleinen Barbe. 18. Juni frisch mit Jodserum. S. VII.
  a. zeigt den Gegensatz von Zonoidschicht und
  körnigem Dotter, letzterer ist ohne Einlagerung.
  b. zeigt den körnigen Dotter von zahlreichen grossen
  Nebendotterkugeln durchsetzt; bei
  c. bilden diese eine neben dem Keimbläschen
  liegenden separaten Haufen, bei
  d. ist das Keimbläschen ebenfalls seitlich von
  körnigem Dotter gerückt.
  e. drei sehr unentwickelte Eier in einer gemeinsamen Scheide.

Fig. 2. Endothelscheide derselben Eier. S. VII.
  a. nach Silberbehandlung.
  b. einige Elemente noch . . . . , unzersetzt.

Fig. 3a. Eier derselben Barbe frisch mit Essigsäure behandelt. S. VII.
  a. Endothelscheide.
  b. streifig gewordene und theilweise eingerissene
  Zonoidschicht.
  c. trüber, von der Zonoidschicht zurückgezogener
  Dotter.

Fig. 3b. Sehr kleines Ei nach Essigsäurezusatz.

Fig. 4. Eierstocks-Ei einer grössern Barbe. 17. Juni. frisch
mit Jodserum.
  4 a. mit S. IV.
  4 b. mit S. VII gezeichnet.
  an letzterer Figur sieht man
  a. die Follikelwand.
  b. die Kapsel.
  c. den körnigen Dotter.
  d. die Nebendotterkugeln.

Fig. 5 Weisse Dotterhäute eines solchen Eies frisch
mit Jodserum. S. VIII.

Fig. 6. Keimbläschen frisch nach Wasserzusatz. S. VIII.

Fig. 7. Ei mittleren Kalibers aus demselben Ovarium wie

1 bis 6; um das Keimbläschen liegt eine helle
körnerarme Zone.

Fig. 8 a. Follikelwand und Kapsel eines angesprengten Eies
aus dem Eierstock der Karpfe. Juni. S. VII.

Fig. 8 b. Von demselben Ei nach der Sprengung. Follikelwand sowohl als Kapsel sind erheblich verdickt.

Fig. 9. Dotterplättchen des Karpfen-Ei's.

Fig. 10. Eierstocksei einer Karpfe, frisch. 25. November.
  S. VII.

Fig. 11. Dotterplättchen der Nase. 1. October.
  a. frisch mit Jodserum.
  b. in sehr schwacher ("proc. Salzsäure quellend.
  c. bei Beginn der Quellung in der Seitenansicht.

Fig. 12. Grösseres Eierstocksei der Schleihe frisch mit Jodserum. 19. Juni. S. VII.
  a. Follikel.
  b. Kapsel.
  c. klarer Dotter.
  d. Keimbläschen.
  e. Inhaltskörper desselben.

Fig. 13a. Kleineres Eierstocksei der Schleihe, mit sehr verdünnter hochsalzlösung behandelt. Quellung der
Endothelien. 8 Juli. S. VII.

Fig. 13b. Kleines Sahnen-Ei mit Wasser behandelt, blasse
Kugeln an der Aussenseite des körnig getrübten
Dotters. 24. Juni. S. VII.

Fig. 14. Kleines Eierstocksei der Schleihe mit permeabler
Tränkung. 18 Stunden nach dem Tod mit . . . .
hochsalzlösung untersucht. Das Ei zeigt theilen-
weise eine radiärstreifige Zonoidschicht und grosse,
aussen ansitzende Kugeln. 7. Juli. S. VII.

Fig. 15. Doppelte Endothelkapsel eines Schleihen-Eis. Die
zwei Blätter sind nach Behandlung mit einer sehr
schwachen hochsalzlösung auseinander gewichen.
Juli. S. VIII.

Tafel III. Aus dem Ovarium der Schleihe.

Fig. 16. Stück Schleihen-Ovarium frisch mit 0.7% Salzlösung. S. VII.
  a. Oberflächliche Grenzschicht der Ovarialplatte.
  b. Eier.
  c. Keimbläschen.
  d. Schleidewand zwischen den Eiern resp. den sie
  umgebenden Lymphräumen.
  e. Leukocyten.

Fig. 17. Aus dem Ovarium einer Schleihe nach Zerzupfung
mit 0.7% Kochsalzlösung. Eier von Leukocyten
umgeben. 1. Juli. S. IX.

Fig. 18. Dasselbe Object eine halbe Stunde später.

Fig. 19. Aus dem Ovarium einer Schleihe, 6 Juli. frisch
mit 0.7% Kochsalzlösung untersucht. Das Ei ist

von einer keimhaltigen Endothelkapsel umgeben,
an welcher die gesammten Zellen hafthaftet, so
dass sie bei flüchtiger Betrachtung hin und her-
schieben a bis m sind verschiedene Formen und
Lagen, welche die Zelle im Lauf von 2 Stunden
nacheinander angenommen hat.

Fig. 20. Grösser Schleihenfollikel frisch mit Salzlösung, 0.7%
  4 Juni. S. VII.
  a. Ei.
  b. Zellen zwischen der Eikapsel und der gefässhaltigen äusseren Wand.
  c. Lymphräume mit Leukocyten.
  d. kleineres Ei mit Endothelkapsel.

Fig. 21. Heller Follikel einer Schleihe, frisch. 1. Juli. S. IX.

a. bindegewebige Follikelwand.

b. Eikapsel.

c. Dotter nebst Nebendotter.

d. Leukocyten, theils der Follikelwand ausserlich
anhaftend, theils in ihrem Innern liegend. Dieselben waren in fortschreitender Veränderung ihrer
Form begriffen und hatteten grossentheils an
der Follikelwand fest.

Fig. 22. Aehnliches Präparat mit einem einzelnen in der
Follikelwand steckenden Leukocyten, S. XII.

Fig. 23. Trüber Follikel aus dem Ovarium der Schleihe,
19. Juni, S. VII. Grobkörnige Zellen (Kornzellen
r) sind massenhaft zwischen der Gefässe (b) füh-
renden Wandschicht (a) und der Eikapsel auge-
speichert.

Fig. 24. Trüber Schleihenfollikel 24 Stunden nach dem Tod
mit Salzlösung, nachdem das Präparat frisch in die
Ross'sche Lösung gesetzt worden war, 4. Juli, S. IX.

Zwischen Follikelwand und Kapsel hat sich ein
Zwischenraum gebildet; die in ihm befindlichen,
unnuclär unbeweglichen Zellen sind theilweise in
lange Fäden ausgezogen; dazwischen liegen ver-
einzelne helle, wasserklare Kugeln.

Fig. 25. Aus dem Ovarium der Schleihe, 8 Stunden nach
dem Tod mit Salzwasser von 0,7 %, Juli, S. IX.

a. kleinere Eier.

b. zwischenliegende Lymphräume mit Leukocyten.

c. Wand eines grossen Follikels.

d. Kapsel.

e. Zwischenraum, der sich zwischen Kapsel und
Dotter gebildet hat; in ihm sind zahlreiche
glänzende Kugeln und Zapfen, die zum Theil
dem Dotter aufliegen, zum Theil der Kapsel
anhaften.

f. Dotter.

Tafel IV. Ovarium von Lachs und Forelle.

Fig. 26. Ovarium eines Salmen vom 23. März 1870. Photo-
graphie etwa ½ Grösse.

a. peritonealer Ueberzug des Eierstocks.

b. im Bereich des Längsschlitzes frei zu Tage
tretende eiführende Potenzleymplatten.

c. bandartiger unterer Fortsatz.

Fig. 27. Durchschnittene Blätter aus dem untern Ovarial-
stücke eines Salmen vom 4. März 1870, S. I.

a. gegen die Bauchhöhle offene Ovarialspalte.

b. grössere Follikel, 1 bis 1½ mm. messend.

c. trübe innere Dotterschicht, von der blasseren,
an Nebendotter reichen Aussenschicht sich ab-
hebend.

d. kleinere Eier.

e. Lymphspalten um die grössern Follikel.

Fig. 28. Kleines Ei desselben Ovarium, gehärtetes Präparat
mit Glycerin, S. VIII. Geschrumpfter Dotter, zwischen
ihm und der Follikelscheide liegen Anhäufungen
kernhaltiger Zellen.

Fig. 29. Aus demselben Ovarium 2 Eier mittlerer Grösse,
Erhärtungspräparat in Glycerin, S. IV.

29a. mit schmaler,

29b. mit breiterer Zone von Nebendotter.

a. Endothelscheide.

b. Aussenzone, innerhalb deren zahlreiche blasse
Nebendotterkugeln dem körnigen Hauptdotter
eingesetzt sind.

c. innere, von Nebendotter freie Zone.

d. helle Flecke, dem Keimbläschen entsprechend.

Fig. 30. Aus demselben Ovarium. Behandlung wie oben,
S. IV.

a. u. b. kleinste und kleinere Eier von 75—200 µ.

c. Ovarialstroma mit Capillargefässen.

d. Lymphspalten zwischen dem Stroma und der
Wand grösserer Follikel.

e. Wand eines grössern Follikels.

f. Eikapsel.

g. helle Aussenzone mit reichlichem Nebendotter.

h. trübe innere Zone, körniger Hauptdotter von
einzelnen farbigen Tropfen durchsetzt.

Fig. 31. Dasselbe Ovarium, Zeichnung nach einem frischen
Präparate eines etwas gequetschten Follikels, S. VII.

a. fibröse Follikelwand.

b. Granulosa.

c. Eikapsel (13 µ dick).

d. Rindenschicht des Dotters, zwischen den blassen
Kugeln zahlreiche kleine farbige Tropfen ent-
haltend.

Fig. 32. Aus der Aussenzone eines grössern Follikels desselben Ovarium, Erhärtungspräparat mit Carminlösung behandelt, S. VIII.

a. körniger Hauptdotter mit eingelagerten Fetttropfen.

b. kernhaltige Nebendotterkugeln, deren Kerne
durch Carmin sich färben.

c. grosse kernlose Kugeln.

Fig. 33. Unreife Eier aus dem Ovarium eines Salmen vom
20. Juni, frisch untersucht, S. IV. (Durchmesser 1,
0,55 und 0,55 mm.)

a. durchsichtige Zonoidschicht.

b. trüber Dotter mit Körnchenhaufen.

c. Keimbläschen.

Fig. 34. Kleines Ei desselben Ovarium, S. V. (Durchm.
des Eies 0,36, des Keimbläschens 0,14 mm.)

Fig. 35. und

Fig. 36. Aus demselben Ovarium, Wand eines trüben Follikels.

von 8mm., frisch in der Ross'schen Büchse mit Jodserum untersucht. S. VII. Beide Figuren sind vom gleichen Follikel an verschiedenen Stellen.

　a. fibröse Follikelwand.

　b. Schicht körniger, durch Druck in's Fliessen zu bringender Zellen.

　c. Eikapsel.

Fig. 47. Ei von 0.5 mm. aus dem Ovarium eines Salmen von 29. Juni, frisch mit Essigsäure beh., S. VII.

　a. Zooidschicht.

　b. trüber Dotter mit

　c. farbigen Tropfen.

Fig. 48. Aus dem Eierstock einer Forelle Anfang Septbr. Follikel von 3½ mm., S. IV., Erhärtungspräparat mit Glycerin.

　a. Follikelwand mit stellenweise sich ablösender innerer Endothelbekleidung.

　b. Granulosa.

　c. Eikapsel.

　d. Bande mit blassen Kernen und mit Fetttropfen (e).

　f. heller, aus grossen sich gegenseitig abplattenden Körpern bestehender Theil des Dotters.

Fig. 49. Kleine Eier nebst Umgebung aus einem Forellenovarium, frisch mit Jodserum, 28. Juni, S. VIII.

　a. Zellen im Stroma.

　b. im Lymphraum, nach Aussen vom Ei liegende, in ihren Bewegungen beobachtete Zellen.

　c. Zellen, der Endothelscheide des Eies aufsitzend.

　d. Dotter mit einzelnen eingeschlossenen Körnerhaufen.

Fig. 50. Aus demselben Ovarium, S. VIII.

　a. Endothelkapsel des Eies.

　b. Körnerhaufen im Rand des Eies.

　c. Leukocyten aus der Stromaplatte in den Lymphraum vortretend.

　d. Leukocyten im Stroma.

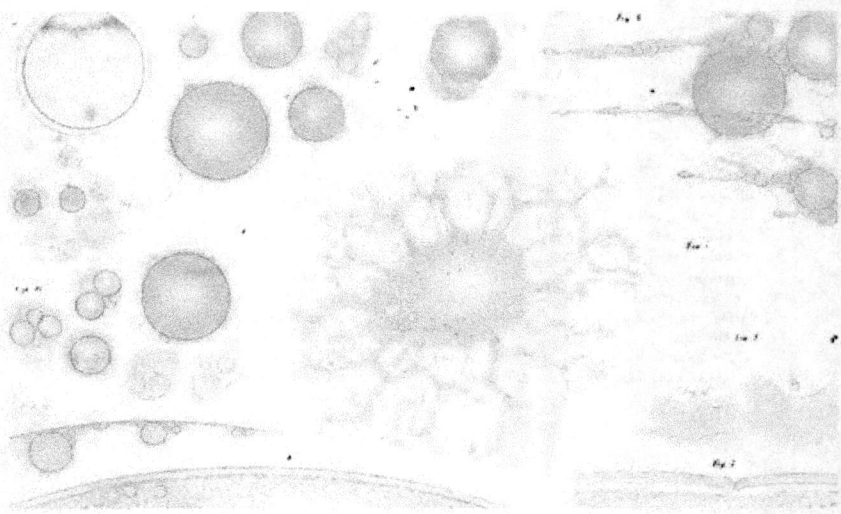

Fig. 28

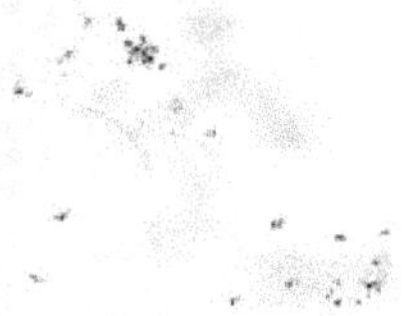

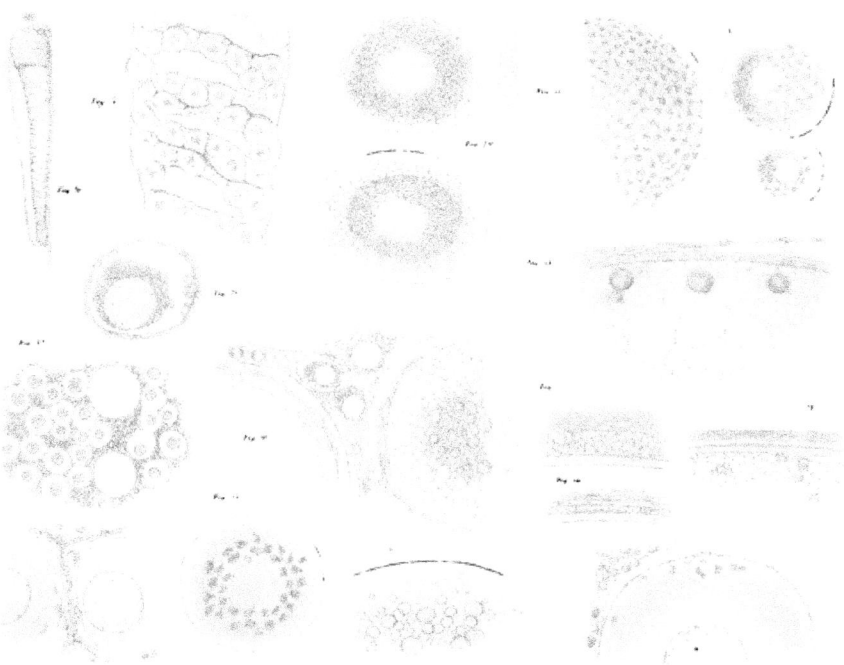

www.ingramcontent.com/pod-product-compliance
Lightning Source LLC
Chambersburg PA
CBHW022011190326
41519CB00010B/1478